现代工程教育丛书

电子产品制造工程训练 指导教程

（第 2 版）

程 婕 曹建建 王红敏 编

西北工业大学出版社

【内容简介】 本书是为配合高等工科院校工程训练教学而编写的"现代工程教育丛书"之一,是为了响应教育部关于培养应用型人才和西安工业大学工程训练教学改革的需要而编写的。

全书共分9章。内容包括电子产品制造工程训练的目的、性质、内容与管理方法,常用电子元器件的识别与检测,手工焊接技术基础训练,收音机、指针式万用表和小音箱的原理分析、电路图绘制、电路参数计算、焊接、装配、测试、调试与故障排除,单、双面板的制作,集成稳压电源等小型电子产品电路板设计和电路实验等。附录中以列表形式给出部分常用元器件的命名与参数。

本书是电子产品制造工程训练的操作指导教材,是目前实践经验的总结。本书能够使读者在理论指导下按部就班地进行电子产品制造工程实践技术训练,同时它也可以作为其他电子产品制造的实践与理论借鉴。

图书在版编目（CIP）数据

电子产品制造工程训练指导教程/程婕,曹建建,王红敏编 . —2 版 . —西安:西北工业大学出版社,2015.1(2024.7重印)

ISBN 978 - 7 - 5612 - 4290 - 2

Ⅰ.①电…　Ⅱ.①程…　②曹…　③王…　Ⅲ.①电子产品—生产工艺—教材　Ⅳ.①TN05

中国版本图书馆 CIP 数据核字（2015）第 027756 号

出版发行:西北工业大学出版社

通信地址:西安市友谊西路 127 号　　邮编:710072

电　　话:(029)88493844

网　　址:www.nwpup.com

印 刷 者:西安浩轩印务有限公司

开　　本:787 mm×1 092 mm　　1/16

印　　张:11.25

字　　数:268 千字

版　　次:2015 年 2 月第 2 版　　2024 年 7 月第 6 次印刷

定　　价:36.00 元

丛书编委会

主　任　刘江南

副主任　张君安

委　员　马保吉　范新会　宁生科　齐　华

　　　　李　蔚　王小翠　张中林　何博雄

　　　　祁立军　郭宝亿

前言

    本书是为配合高等工科院校工程训练而编写的"现代工程教育丛书"之一,是为了响应教育部关于培养应用型人才和西安工业大学工程训练教学改革的需要而编写的,为《电子产品制造工程训练》的配套教材,将实践技术认知和技术训练有机地结合起来。

    西安工业大学电子产品工程训练经历了由单纯采用手工焊接的装配技术训练演化为手工操作与回流焊机和波峰焊机等自动化设备的综合性装配技术训练,由单纯的装配技术训练演化为电子产品制造工程技术能力的训练。为适应这种教学内容的变化,结合西安工业大学学生和工程训练的实际情况,特编写了本书。

    本书共分9章。内容包括电子产品工程训练的目的、性质、内容与管理方法,常用电子元器件的识别与检测,手工焊接技术基础训练,收音机、指针式万用表和小音箱的原理分析、电路图绘制、电路参数计算、焊接、装配、测试、调试与故障排除,单、双面板的制作,集成稳压电源等小型电子产品电路板设计和电路实验等。在附录部分还收录了常见电子元器件的命名方法及特别常用的部分晶体管参数,便于读者展开电子制作、电子维修活动时参考。收音机的装配涉及手工焊接和回流焊接技术,指针式万用表的装配涉及手工焊接与波峰焊接技术。

    本书按照具体实训项目编排分类,紧紧围绕当前工程实践,训练内容广泛。在叙述操作过程中,结合笔者从事电子产品制造工程训练的教学经验论述了技术技巧、注意事项和操作原理,使读者既能按部就班地操作,又能尽快掌握技术技巧,了解操作原理。本书按电子产品制造工程训练过程布局,循序渐进地展开,有利于读者逐步掌握电子产品制造的相关知识。书中采用图文混排,内容简洁,容易理解,指导性强,适合进行实际操作。

    本书作为电子产品制造工程训练的操作指导教材,对规范电子产品制造工程训练教学过程,指导读者顺利地进行工程训练,提高其实际操作的能力,培养工程技术素质具有很大作用。

    本书第1,4~7章由程婕编写,第3,8章由曹建建编写,第2,9章由王红敏编写。程婕对本书中的图片进行了制作和处理。张中林负责审稿。

    在本书编写过程中得到了相关领导及同事的大力支持,参考了有关书籍和现有的教学文献资料,在此,向给予我们支持、帮助的领导、同事及参考文献的作者表示感谢。

    由于笔者水平有限,书中难免有错误或不妥之处,恳望读者指正。

编　者
2015 年 1 月

目 录

第1章

电子产品制造工程训练

第1节　电子产品制造工程训练的性质、目的、要求和方法

电子产品制造工程训练课程是本着面向电子产品制造业培养应用型、实践型、技能型的人才的目标而开设的。它包含了电子产品制造工艺理论知识的普及和电子产品制造工程技术工作实践能力训练的内容。

一、电子产品制造工程训练教学的性质

电子产品制造工程训练为高等院校工科类电子制造相关专业学生的基础考查课。它为更好地学习后续课程,特别是相关的实验课程、课程设计、毕业设计等积累初步知识和技能,并为今后从事电子产品制造工程技术工作奠定良好的基础。

二、电子产品制造工程训练教学的目的

(1)通过熟悉具体产品,了解电子产品设计、制造和维护过程的相关知识和方法。

(2)电子产品制造工程训练分非电类一周训练和电类两周训练。

非电类一周训练要求:掌握电子产品装配、测试和故障排除技术、电路流程图绘制技术。

电类二周训练要求:除非电类一周训练要求外,还需掌握电路原理图分析方法、印制电路板设计和制作技术、常用元器件的封装识别及万用表检测技术、小型电子产品实验技术。

(3)培养学生分析和解决电子产品设计制造技术问题的能力,培养学生专业、细致、科学和严谨的工作作风。

(4)适应社会发展,开拓思路,认识目前电子产品制造的先进技术和设备。

三、电子产品制造工程训练教学的基本要求

(1)了解相关的安全用电知识。

(2)初步了解印刷电路板设计布排工艺技术。

(3)了解电子产品分立元器件波峰焊接工艺流程。

(4)熟悉常用电子元器件的基本知识和检测方法。

(5)熟悉印制电路板整个加工制作工艺流程。

(6)熟悉电子产品的电路工作原理(收音机、指针式万用表、小音箱和三端集成稳压电源)。

(7)掌握贴片元器件回流焊接工艺流程。

(8)掌握手工焊接及装配技术并能够独立完成训练的电子产品焊接装配、测试和调试整个过程。

四、电子产品制造工程训练教学的方法

训练过程要求学生仔细认真、勤于动脑、加强交流、注意观察,培养科学、严谨和相互协作的工作作风。以具体的电子产品为主线,用理论知识指导实践训练过程,在实践训练过程中增强实践技能,再用实践技能和实践经验知识进一步促进理论知识的理解、学习和应用。动手与动脑兼用,多方知识整合,分阶段、分步骤、循序渐进地完成电子产品制造工程实践训练。

训练教学手段:讲授、演示、示范和实践。

第 2 节　电子产品制造工程训练的内容和时间安排

一、非电类一周训练的内容和时间安排

周一:电路板、手工焊和回流焊元器件、焊接基础知识介绍;手工焊接技术训练、FM/AM收音机贴片元件的装配(回流焊接)。

周二:FM/AM收音机贴片元件装配(回流焊接)返修、手工焊接技术训练及手工焊接考试与评分;FM/AM收音机电路原理及电路流程图绘制方法介绍。

周三:FM/AM收音机流程图的绘制;FM/AM收音机电子元器件知识介绍;电子装配工艺基础知识简介;FM/AM收音机的通孔插装元器件的手工装配。

周四:FM/AM收音机装配及装配质量评定;FM/AM收音机总装、测试及故障排除技术介绍;FM/AM收音机总装、测试及故障排除。

周五:FM/AM收音机调试技术介绍;FM/AM收音机调试及故障排除。

二、电类两周训练一周训练的内容和时间安排

第一周的训练内容和时间安排:

周一:电装与电装基础讲解;印制电路板组装技术讲解;手工焊接技术讲解和训练。

周二:元器件识别与选用讲解;电子元器件指针万用表检测方法讲解与训练。

周三:印制电路板设计与制造讲解;直流稳压电源原理分析及电路板布线方法讲解与实践;直流稳压电源布焊、测试及故障排除讲解和实践。

周四:贴片元器件手工焊接方法讲解;回流焊操作讲解与FM/AM收音机贴片元件装配(回流焊接);贴片元器件手工焊接讲解与训练;波峰焊接参观与讲解。

周五:贴片元器件手工焊接方法讲解与训练;回流焊操作讲解与FM/AM收音机贴片元件装配(回流焊接)。

第二周的训练内容和时间安排:

周一:整机电路原理分析方法讲解;FM/AM收音机电路原理讲解;电路流程图绘制方法讲解与训练;FM/AM收音机插装元件讲解与FM/AM收音机插装元件的识别、清点与装配。

周二:FM/AM收音机易错插装元件装配讲解;FM/AM收音机电阻的测试讲解及实践;FM/AM收音机电压的测试及故障排除技术讲解及实践;FM/AM收音机总装讲解及实践。

周三:检验、测试和调试技术讲解;电子产品安全与防护讲解;FM/AM收音机调试技术讲解和实践。

周四:电子产品总装讲解;小音箱电路原理分析;小音箱元件识别与成型讲解和实践;小音箱插装元件装配与焊接讲解和实践。

周五:小音箱总装讲解和实践;电子产品制造实践技术考试。

第3节　电子产品制造工程训练的学生管理和安全操作规范

一、电子产品制造工程训练的学生训练守则

(1)学生必须按教学计划参加实习,按实习大纲完成实习各项任务。

(2)实习必须携带实习教材,明确实习的目的、计划、方法和步骤,提前预习实习教材,做好实习准备工作。

(3)不迟到不早退,请假 1h 内由指导教师批准,1h 以上持院系批准假条交指导教师。

(4)进入实习教室,不准穿拖鞋和背心,不准吃东西,并提前将手清洗干净。

(5)学生必须按实习节点的进度保质保量完成各实习项目。

(6)尊敬教师并虚心听从教师指导。教师讲课和复讲时,不允许学生说话;进行某项操作内容时不允许进行其他操作内容。

(7)遵守实习有关规定,不聊天、不打闹、不大声喧哗、不做与实习无关的事情。

(8)遵守安全操作规程,严格按照指导教师讲解和实习指导教程进行操作,要认真、仔细、思想集中、注意安全。

(9)遵守实习管理制度,协助教师、班长、学习委员共同管理好学生实习。

(10)爱护设备、材料和工具等,未经实习指导教师许可,不得随意使用设备。实习工具和材料发放后要求仔细清点、及时处理、摆放整齐并妥善保管。仪表和工具等如有丢失损坏,应主动报告赔偿。

(11)每个学生必须积极参加教室卫生清洁工作,保持工作场地干净,做到文明实习。

(12)实习一周中缺勤半天以上未曾补修的、实习手续未清的、实习主要项目缺失的,实习成绩为无。因故造成重大责任事故的和叫人替做的,实习成绩为不及格。

二、电子产品制造工程训练的安全操作规范和注意事项

在电子产品制造工程训练中应本着安全第一的原则,严格遵守"电子产品制造工程训练的学生训练守则",严格按照工艺要求和以下注意事项进行,避免事故发生,杜绝人员伤害,减少元器件、原材料、工具和仪器设备等的损伤与损坏。

1. 手工装焊

(1)不要惊吓正在操作的人员,不要在训练场所打闹。

(2)电烙铁在没有确定脱离电源并且在温度降至室温时,不能用手触摸。

(3)烙铁头上多余的锡不要乱甩,这样做很容易引起烫伤自己或者别人的事故。

(4)易燃品应远离电烙铁。

(5)按规格用途使用和维护工具,防止造成工具的损坏。

(6)拆焊有弹性的元件时,面部不要离焊点太近,并使可能弹出焊锡的方向向外。

(7)插拔电烙铁等电器的电源插头时,要手拿插头,不要拉电源线。

(8)用螺丝刀拧紧螺钉时,另一只手不要握在螺丝刀刀口方向。

(9)用剪线钳剪断短小导线(例如印制板元件焊好后,去掉过长的引线)时要让导线飞出方向朝着工作台或空地,决不可飞向人或设备。

(10)操作中间要讲究文明生产,工作区域内保持干净整洁,各种工具、设备摆放合理、整齐,不要乱摆、乱放,以免发生事故。

2.回流焊接

(1)贴装元件时,不要用真空吸笔触击焊膏,以防止真空吸笔笔头堵塞,手不要接触焊膏,小心损坏印刷好的焊膏形状。

(2)运送贴好元件的印制板时,不要互相推挤,防止将印制板或印制板上的元件碰掉。

(3)回流焊接时,要等温度降至室温,方可打开抽匣,并戴上手套取出托盘。

(4)回流焊机在运行过程中,须有人值守。

(5)回流焊机在运行过程中不允许其他非专业人员对温度曲线进行设置和修改。

(6)回流焊机不要堵塞散热孔,不要再在机壳上堆放杂物。

(7)发现故障应该立即切断电源。

3.波峰焊接

(1)非专业人员不得操作本设备。

(2)了解波峰焊机的安全标志(波峰焊的安全标志有眼睛防护标志、防尘标志、手防护标志、高压防火标志、不能触摸标志)。

(3)波峰焊机使用时,不可同时按下两个按钮,以免发生误动作。

(4)助焊剂、洗爪液均为易燃物,使用中注意防火安全。

(5)在焊炉正常工作中,当锡面降低,需要补充锡条时,应轻轻放入,以免锡液飞溅,引起烫伤。

(6)注入高温液态焊料,须戴必要的防护用品,以防烫伤。

(7)对助焊剂喷雾装置的喷嘴进行定位和清理锡炉氧化物时,应戴防护眼镜和防护口罩。

(8)用切脚机对电路板进行切脚时,不能打开切脚机的防护罩。应该用推杆将电路板推入刀口,单块电路板切脚要借助别的电路板用推杆将电路板推入刀口,并自然推出。不可以用手在防护罩内接、送电路板,以免造成安全事故。

4.印制电路板制作中的安全规则

(1)印制电路板制作时要保持通风良好。

(2)裁板时勿将手放入上下两个刀片之间。

(3)使用刷光机前要先接通水源,应防止将印刷板以外的东西卷入刷光机内。

(4)用热转印机时,热转印机应通风良好,周围不能放置易燃物品,以防止引起火灾,印制电路板上的胶带应贴平。

(5)在印制电路板制作过程中,有许多化学药品,在接触这些化学药品时应使用橡胶手套,为防止溅入眼睛,可戴上眼镜。

(6)腐蚀电路板时,应尽量远离腐蚀液,如必须靠近时可戴上口罩。应盖住防护罩,防止腐蚀液溅出和腐蚀气体挥发。

(7)印制电路板制作时应保证丝网印台丝网的通透性和曝光机的玻璃的整洁度,以保证制板质量。

5.用电安全操作规则

(1)接通电源前的检查。任何新的或搬运过的以及自己不了解的用电设备和装调产品,不要盲目拿起插头就往电源上插,要记住"四查而后插"。四查为:一查电源线有无破损;二查插头有无外露金属或内部松动;三查电源线插头两极有无短路,与外壳(如果设备是金属外壳)有无短路;四查设备所需电压值是否与供电电压相符。

可用试电笔检查外壳和金属件及裸露的导线是否带电,用万用表测有关部分的对地电压,经过四查后才可以给设备通电。

(2)尽量不要带电操作。不要以为断开电源开关就没有触电危险,只有拔下插头,并对电容器放电,才能认为是安全的。

(3)如果必须带电测试,不要用出汗潮湿的手操作,尽可能用单手操作,另一只手放到背后或衣服的口袋中。

(4)各种运行的电气设备、测量仪表、调压器等金属外壳必须采取保护接地。

(5)在非安全电压情况下带电调试产品,应穿绝缘鞋,使用经耐压试验合格的绝缘工具。

(6)遇到危险应该立即切断电源。有问题要及时报告老师。

三、电子产品制造工程训练的学生成绩考核

训练成绩由 4 部分组成:实践部分、理论部分、平时表现部分和附加部分。实践部分主要由焊接技术考核、收音机的装配技术考核、小音箱的装配技术考核等组成,每个项目完成后由指导教师给出该项目的实践成绩。理论部分由指导教师出题,根据实训报告评定成绩;平时表现部分主要由出勤、纪律、环境卫生以及调试、测试、故障排除的实训过程质量抽查、元器件检测、集成稳压电源测试、印制电路板制作质量检查等环节构成;附加部分由班干部实习管理、平时部分超过满分的额外分、额外实践或劳动、创新思想或操作等组成。

4 项综合后给出总成绩,一周训练实践部分占 50%,理论部分占 30%,平时表现占 20%,附加部分占 10%。二周训练实践部分占 50%,理论部分占 40%,平时表现占 10%,附加部分占 10%。

训练结束后,交回训练工具、测试元器件、仪器设备等,然后由指导教师根据以上综合情况给出训练总成绩。训练任务未能按时完成,无故旷课者,训练成绩按不及格处理。出现重大事故,训练成绩按不及格处理并不予补修。

第2章

常用电子元器件的识别与检测

第1节　常用电子元器件概述

一、电子元器件的定义和分类

电子元器件是在电路中具有独立电气功能的基本单元。元器件在各类电子产品中占有重要地位,它和各种原材料是实现电路原理设计、结构设计和工艺设计的主要依据。

1.按制造行业划分为元件与器件

元件与器件分类是按照元器件制造过程中是否改变材料分子组成与结构来区分的。元件是指加工中没有改变分子成分和结构,本身不产生电子,对电压和电流不具有控制和变换作用,如电阻、电容、电感器、电位器、变压器、连接器、开关、石英/陶瓷元件、继电器等;器件是指加工中改变了分子成分和结构,本身能产生电子,对电压和电流具有控制和变换作用,主要是指各种半导体产品,如二极管、三极管、场效应管、各种光电器件、各种集成电路等,也包括电真空器件和液晶显示等。

在元器件制造行业,器件由半导体企业制造,而元件则由电子零部件企业制造。随着电子技术的发展,元器件的品种越来越多、功能越来越强,涉及范围也在不断扩大,元件与器件的概念也在不断变化,逐渐模糊。如有时说元件或器件时,实际指的是元器件。

2.按电路功能划分为分立与集成

分立器件是指具有一定电压电流关系的独立器件,包括基本的电抗元件、机电元件、半导体分立器件(二极管、三极管、场效应管、晶闸管)等。

集成器件通常称为集成电路,指一个完整的功能电路或系统采用集成制造技术制作在一个封装内,组成具有特定电路功能和技术参数指标的器件。

分立器件与集成电路器件的本质区别是:分立器件只具有简单的电压电流转换或控制功能,不具备电路的功能;而集成电路器件则可以组成完全独立的电路,具备单元电路、系统电路甚至整机电路的功能。

3.按工作机制划分为无源与有源

有源元器件在工作时,其输出不仅依靠输入信号还要依靠电源或者说它在电路中起到能量转换的作用,如晶体管、场效应管、集成电路等是以半导体为基本材料构成的元器件,也包括电真空器件。无源元器件在工作时,其输出仅依靠电源。无源元器件又分耗能元件、储能元件和结构元件。耗能元件如电阻器和电位器;储能元件如储存电能的电容器和储存磁能的电感器;结构元件如各类插座、插头和开关等。

4.按组装方式分为插装元器件与贴装元器件

插装元件具有较长的引脚和较大的体积,组装到电路板上时,引脚必须插入电路板通孔中,因此其电路板需要制作带有通孔的焊盘;贴装元件是短引脚或无引脚片式结构,组装到印制电路板上时,直接贴装在电路板上,因此其电路板焊盘不需要钻通孔。

5.按使用环境划分为民用、工业用和军用

电路元器件种类繁多,随着电子技术和工艺水平的不断提高,大量新的器件不断出现,对于不同的使用环境,同一器件也有不同的可靠性标准,不同的可靠性有不同的价格,例如同一器件军用品的价格可能是民用品的 10 倍,甚至更多,工业用品介于两者之间。

民用品:适用于对可靠性要求一般,性价比要求高的家用、娱乐、办公等领域。

工业品:适用于对可靠性要求较高,性价比要求一般的工业控制、交通、仪器仪表等领域。

军用品:适用于对可靠性要求很高,价格不敏感的军工、航天航空、医疗等领域。

6.按元器件的应用特点划分为常用元件、常用器件和特种元器件

电子工艺对元器件的分类是按元器件的应用特点来划分的。特种元器件有光、热、磁、湿、力等敏感元器件和磁性元件。

分类只是把元器件作为知识而做的归纳和总结,不同领域不同分类是不足为怪的,迄今也没有一种分类方式可以完美无缺。

二、电子元器件的主要参数

电子元器件的主要参数包括特性参数、规格参数(标称值、额定值、极限值、允许偏差值、外形尺寸)、质量参数(温度系数、噪声系数、高频特性、机械强度、可焊性、可靠性和失效率、电容器的绝缘电阻和损耗角正切、晶体管的反向饱和电流、穿透电流和饱和压降等)。这些参数从不同角度反映了一个电子元器件的电气性能及其完成功能的条件,取决于它们的制造材料、结构和生产条件等因素。常见元器件的参数见附录中的附表 13 至附表 16。

三、电子元器件的命名方法

按照国家标准 GB 2470—81,电子元器件的名称通常由以下 4 部分组成。

第一部分为主称。如:R 表示电阻器,C 表示电容器,2 表示二极管,3 表示三极管,W 表示电位器。

第二部分为材料。

第三部分为类别,表示元器件的用途和特征。

第四部分为序号,表示元器件的规格或性能。

近年来我国许多大型电子元器件企业引进了国外的先进生产线,因此在电子市场上有很多半导体器件都是按国外的命名方法命名的,常见的是按照日本、欧洲及美国产品型号命名的半导体器件,因此了解国外半导体器件和集成电路的命名方法已成为从事电子产品技术工作的必需。国内外元器件的型号命名及含义见附录中的附表 1 至附表 12。

四、电子元器件封装上的标注

在电子元器件的封装外形上所印刷的电子元器件的型号名称、参数和极性的信息称为电子元器件的标注。常用的标注方法有直标法、文字符号法、数标法和色标法。

（1）直标法。用数字和符号把元器件的主要参数直接印制在元器件的表面上即为直标法。这种方法主要用于体积较大的元器件，如图 2.1.1 所示。

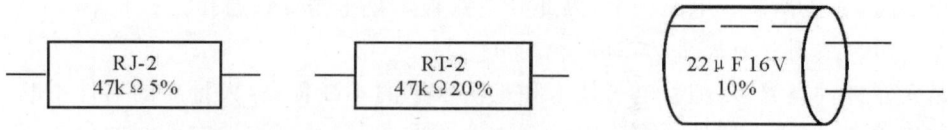

RJ-2
47kΩ5%

RT-2
47kΩ20%

22μF 16V
10%

图 2.1.1　直标法

（2）文字符号法。用数字和符号有规律地组合在一起表示元器件的主要参数。例如，4K7J 表示 4.7kΩ 偏差允许±5％的电阻，其中，K 代表了小数点同时也是单位符号，J 依表 2.1.1 表示±5％的允许偏差。

表 2.1.1　常用元件允许偏差符号表

偏差/（％）	±0.1	±0.25	±0.5	±1	±2	±5	±10	±20	+20 −10	+30 −20	+50 −20	+80 −20	+100 0
符 相应号	B	C	D	F	G	J	K	M			S	E	H
曾用符号	—	—	—	—		I	II	III	IV	V	VI	—	—
分　类	精　密				一　般				只适于电容				

（3）数字标注法（数标法）。用 3 位数字标注普通元器件，用 4 位数字标注精密元器件。数字标注法大多用于一些小型器件上，例如表面装贴器件中的电阻器、无极性电容器中的瓷片电容、涤纶电容等。无论是 3 位还是 4 位数字标注，它的最后一位数字都是表示指数即前几位数字后面所含零的个数。电阻的基本单位是"Ω"，电容器的基本单位是"pF"，电感的基本单位是"μH"。例如，电容器上标注 105 表示其容量为 10×10^5 pF，即 1μF。

（4）色标法：用色环、色点、色带来表示元器件的主要参数。

四环标注法：普通电阻采用 4 个色环标注。第一、二环表示有效数字，第三环表示前三位有效数字的 10^n 倍率，与前三环距离较大的第四环表示允许偏差。如图 2.1.2(a)所示，从左至右色环标记为红、黄、红、银的四环电阻，阻值依表 2.1.2 所示数据为 $24 \times 10^2 = 2\ 400\Omega = 2.4$kΩ，允许偏差为±10％。

五环标注法：精密电阻采用五个色环标注，前三环表示有效数字，第四环表示前三位有效数字的 10^n 倍率，与前四环距离大的第五环表示允许偏差。如图 2.1.2(b)所示，从左至右色环标记为棕、黑、绿、棕、棕的五环电阻，表示阻值依表 2.1.2 所示数据为 $105 \times 10^1 = 1\ 050\ \Omega = 1.05$ kΩ，允许偏差为±1％。

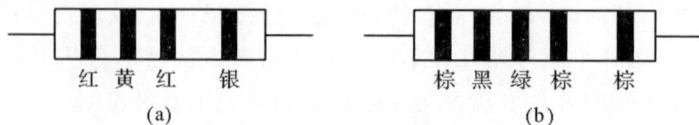

红 黄 红　银
(a)

棕黑绿棕　棕
(b)

图 2.1.2　色环标注法
（a）四环标注法；　（b）五环标注法

表 2.1.2　色环电阻的色环所代表的意义

颜　色	有效数字	倍率	允许偏差/(%)
黑	0	10^0	—
棕	1	10^1	±1%
红	2	10^2	±2%
橙	3	10^3	—
黄	4	10^4	—
绿	5	10^5	±0.5%
蓝	6	10^6	±0.2%
紫	7	10^7	±0.1%
灰	8	10^8	—
白	9	10^9	—
金	—	10^{-1}	±5%
银	—	10^{-2}	±10%
无色	—	—	±20%

　　用背景颜色区别元器件的种类。用浅褐色表示碳膜电阻,用红色(淡绿色、淡蓝色或浅棕色)表示金属膜或金属氧化膜电阻,深绿色表示线绕电阻。

　　国产三极管用色点标在三极管顶部,表示共发射极直流放大倍数或分挡,国产三极管色点标志的意义见表2.1.3。

表 2.1.3　国产三极管色点标志的意义

色点	棕	红	橙	黄	绿	蓝	紫	灰	白	黑
β分挡	0~15	15~25	25~40	40~55	55~80	80~120	120~180	180~270	270~400	400 以上

　　另外色环还常用来表示元器件的极性。例如,电解电容或二极管标有白色色环的一端是负极。

第2节　常用电子元器件识别

　　遇到一个电子设备上的电子元器件,如何判断它是电阻器还是电容器,是电感器还是电位器,是半导体器件还是集成电路,有什么结构特征,有哪些主要参数等,这都是从事电子产品工程技术人员首要了解的问题。本节简要介绍电子元器件识别的方法和电子元器件工程训练的方法。

一、电子元器件的识别方法

　　一要看封装外形特征。一般来说,大多数电子元器件的外形封装都是特定的,因此通过观察元器件封装外形特征,可以确定元器件主称,甚至材料、结构等信息。但由于个别类型的电子元器件封装外形非常类似甚至相同,单从它的外形封装上来识别很容易产生混淆,因而判断这类元器件是什么类型,还要看元器件封装外形上的标注。

二要看元器件封装上的标注。元器件封装上的标注含有元器件的主称、标称值、额定值、极性等信息,元器件名称中含有材料、特征、用途等信息,因此通过识别元器件封装上的标注是最直观、简单的方法,但不能了解元器件的详细参数。

三要查找元器件资料。查找元器件资料可以查到外形、极性和参数等详细信息。查看厂家提供的元器件资料或通过网络查找元器件的资料都可以。

四要用万用表进行检测。在资料缺乏的情况下,可用万用表进行检测,根据元器件的参数特征来判断元器件主称和极性,甚至好坏。

二、电子元器件识别的工程训练方法

电子元器件识别工程训练要求说出元器件的名称、封装上标注含义、封装名和封装特点及用途以及焊接操作和使用应注意的事项。工程训练方法设计如下:

(1)准备工程训练的常用元器件,任意拿出一个元器件,让学生进行判断。

(2)准备一个电子产品或设备,任意指出一个元器件,让学生进行判断。

(3)对特点突出的元器件进行解剖,了解其内部结构特点。如表2.2.1所列对几种元器件进行了解剖并进行结果分析,得到了一些收获。解剖元器件可使用工程训练中损坏的元器件。

(4)通过网络查找元器件的资料。网络查找元器件的资料是目前常用的方法和手段,图2.2.1所示为维库网上9014三极管的参数,学生可以试着查找一些见过的元器件的资料。

表 2.2.1　元器件解剖结果分析

未解剖前	解剖后	分　析
	刻槽	这是一个金属膜电阻,解剖后见金属膜上有螺旋状刻槽。这种刻槽与电阻的阻值有关,如果金属膜有破损,则阻值可能会发生变化
	铝箔　衬垫纸	这是一个铝电解电容,解剖后见铝箔和带电解液的纸圈缠绕而成,因此有一定电感,不宜用在高频电路上
	电刷	这是一个碳膜电位器,解剖后见电位器有一电刷在碳膜上运行。因此电位器的好坏与电刷和碳膜的接触的好坏有一定关系
接电刷　开关	电刷	这是一个带开关的小型碳膜电位器,解剖后可观察到电刷在碳膜上运行的情况。因为它是一个塑料件,极易受热变形导致电刷与碳膜的接触不良而损坏
	音圈线	这是一个喇叭,解剖后可见音圈线很细,易断裂,这是喇叭容易损坏的一个原因

WS
9014

NPN SILICON TRANSISTOR

TO—92

1.EMITTER

2.BASE

3.COLLECTOR　1 2 3

FEATURES

Power dissipation

　　P_{CM} : 0.4 W Tamb=25℃

Collector current

　　I_{CM} : 0.1 A

Collector-base voltage

　　$V_{(BR)CBO}$: 50 V

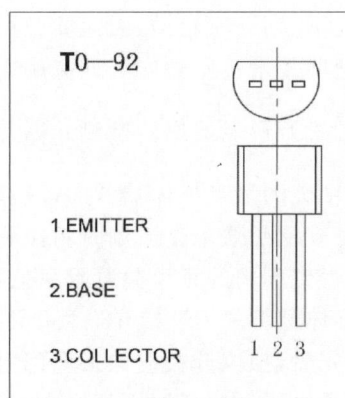

ELECTRICAL CHARACTERISTICS　（Tamb=25 ℃　unless otherwise specified）

Parameter	Symbol	Test conditions	MIN	TYP	MAX	UNIT
Collector-base breakdown voltage	$V(BR)_{CBO}$	I_C= 100 A　I_E=0	50			V
Collector-emitter breakdown voltage	$V(BR)_{CEO}$	I_C= 0. 1 mA , I_B=0	45			V
Emitter-base breakdown voltage	$V(BR)_{EBO}$	I_E= 100 A , I_C=0	5			V
Collector cut-off current	I_{CBO}	V_{CB}=50 V , I_E=0			0.1	uA
Collector cut-off current	I_{CEO}	V_{CE}=35 V , I_B=0			0.1	uA
Emitter cut-off current	I_{EBO}	V_{EB}= 3 V , I_C=0			0.1	uA
DC current gain(note)	H_{FE1}	V_{CE}= 5 V, I_C=1mA	60		1000	
Collector-emitter saturation voltage	$V_{CE}(sat)$	I_C= 100mA, I_B= 5 mA			0.3	V
Base-emitter saturation voltage	$V_{BE}(sat)$	I_C= 100 mA, I_B= 5mA			1	V
Transition frequency	f_T	V_{CE}= 5 V, I_C= 10mA f =30MHz	150			MHz

CLASSIFICATION OF $H_{FE(1)}$

Rank	A	B	C	D
Range	60-150	100-300	200-600	400-1000

nents Co., (H.K.)Ltd.　　Tel:(852)2341 9276 Fax:(852)2797 8153
ing.com　　　　　　　　E-mail: wsccltd@hkstar.com

维库一下
www.dzsc.com

图 2.2.1　维库网上 9014 三极管的参数

第3节　常用电子元器件的指针式万用表检测

用万用表的欧姆挡检测常用电子元器件是从事电子技术工作所必须具备的一项基本技术,它具有简单快捷的优点。这项技术能很快地判断出常用电子元器件是否完好,但是对于元器件的详细技术指标则无法给出,因此要想得到元器件的详细技术指标必须用专门的测量仪器。即使这样,这项技术仍然被广泛地应用在科研、实验、检测、维修领域中。

一、使用指针式万用表欧姆挡检测元器件的注意事项

用指针式万用表测量半导体器件的极性时,黑表笔接的是万用表内部电源的正极,因此黑表笔是高电位,红表笔是低电位。用欧姆挡测量同一只半导体器件的正反向电阻时,在不同的欧姆挡位测量会得到不同的正反向电阻阻值,这是因为不同的电阻挡加在被测器件两端的电压不同,导致半导体器件的 PN 结导通程度不同。

万用表使用完后,挡位开关应放在 OFF 挡或高电压挡。放在高电压挡可防止下次使用时在其他挡位误测高电压而烧坏万用表;放在 OFF 挡可防止外界振动损坏表头;不放在电阻挡可防止两表笔碰在一起空耗电池。

二、常用元器件的检测方法

1. 电阻器的检测

(1)检查表针是否在最左侧"0"位。当表针不在"0"位时,可以调整表盘上表针根部的回零螺丝,使表针回到零位,这一校零过程叫做机械调零。

(2)使用欧姆挡测量前,还要进行电气调零,具体方法是:将红、黑表棒接通,此时表针若不能指向右侧"0"处,可调整波段开关附近的欧姆调零旋钮,使表针指向右侧"0"处。更换不同欧姆挡量程时均要重新进行一次电气调零。

(3)用指针式万用表的欧姆挡测量电阻的两引线时,注意手不要碰到两表笔,否则就会将人体电阻并联入内,当表针偏转时,观察指针位置,当指针在刻度盘的 1/3～2/3 处时可进行读数,否则另换挡位重新测量。

(4)读出指针在万用表刻度盘的第一条刻度线的数值,然后把读出的数值和所使用挡位(×1,×10,×100,×1k)相乘就是这个电阻器的实际阻值。

2. 电位器的检测

图 2.3.1 所示的电位器由电阻体、滑动片、转动轴、外壳及焊接片构成。它的型号、标称值都印在外壳上,旋转电位器的轴柄同时用万用表测量 A～C 的阻值应为标称阻值。

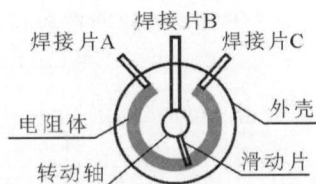

图 2.3.1　电位器内部结构示意图

A～B,B～C 的阻值应在 0 至标称阻值范围内变化,变化连续表针不应该有断续跳跃的现象。A,B,C 应与外壳绝缘。要注意的是常见电位器 A～B,B～C 之间的阻值变化与电位器的轴柄转动角度的关系有线性型、指数型、对数型三种类型,因此万用表指针变化的规律有所不同。

3. 热敏电阻器的检测

(1)常温检查:在常温下用万用表电阻挡测量热敏电阻器的阻值应该基本符合它的标称阻

值,如果超出范围太大(>15%)可能是由于内部接触不良或者断极所致,如果电阻为零可能是由于内部击穿或者短路所致。

(2)热敏特性检查:用万用表电阻挡测量热敏电阻器的阻值,同时用台灯或者其他低温热源给热敏电阻器加热,使其温度慢慢升高,这时应该可以看到电阻阻值会随着温度的慢慢升高而发生变化。当温度升高时电阻的阻值也变大,这是正温度系数热敏电阻;当温度升高时电阻的阻值变小,这是负温度系数热敏电阻。

4.电容器的检测

电容检测的判断依据是电容器在电路中具有充放电的物理特性,万用表的电阻挡具有一定的内阻并有电池作为工作电源,当电容器和万用表电路构成闭合回路时,电源就通过万用表的内阻向电容器充电。充电的时间常数是万用表内阻值和电容器容值的乘积。由于万用表各挡位内阻的大小不同,在检测时要根据电容器容量的大小选取合适的挡位,以便于观察。对于正在高电压电路中使用的电容器在测量前一定要先放电,以免引起电击事故或者损坏万用表。

(1)容量大于 $1\mu F$ 的电容器的漏电或断路。用指针式万用表的欧姆挡测量电容器的两引线,可以观察到万用表表针先快速地由左向右摆动,在最右端稍作停留开始向左摆动,并且摆动的速率越来越低,这是电容器充电的过程。表针稳定后的阻值读数就是电容器的绝缘电阻(也称漏电电阻)。万用表显示绝缘电阻小于 $100k\Omega$,表明电容器漏电严重,不能使用。如果指针不动,说明电容断路。注意每次测试前,都要将电容的两脚短接放电。

(2)容量小于 $1\mu F$ 的电容器的漏电或击穿。容量小于 $1\mu F$ 的电容器由于充电时间很快,使用万用表的欧姆挡测量就很难观察到阻值的变化。可用 $R\times 10k$ 挡检测它是否漏电,而不能判断它是否开路。测量时,表针不应偏转,若偏转一定角度,说明电容器漏电或已击穿。

(3)电解电容器的极性辨别。当电解电容器引线的极性无法辨别时,可以根据电解电容器正向连接时绝缘电阻大、反向连接时绝缘电阻小的特征来判别。用万用表红、黑表笔交换来测量电容器的绝缘电阻,绝缘电阻大的一次,连接表内电源正极的表笔(黑表笔)所接的就是电容器的正极,另一极为负极。

(4)可变电容器的漏电或碰片短路。将万用表的两只表笔分别与可变电容器的定片和动片引出端相连,同时将电容器来回旋转几下,阻值读数应无穷大。如果读数为零或某一较小的数值,说明可变电容器已发生碰片短路或漏电严重。

5.电感器、变压器的检测

变压器的常见故障有断路、短路和绝缘不良等。

(1)检查变压器的初、次级绕组的电阻。将万用表置 $R\times 1$ 挡,两根表笔分别接次级绕组两根引出线,阻值为∞时是断路,阻值为 0 时是短路。

注意由于有些变压器绕组的圈数很少因此阻值很小,一定要准确调零,否则很难发现短路故障。

检查变压器的各绕组间、绕组与铁芯间的绝缘电阻。将万用表置 $R\times 10k$ 挡,将一只表笔接初级绕组引出线,另一只表笔接次级绕组引出线,阻值应为∞,否则绝缘性能不良。用上述方法再检测初级、次级绕组与铁芯间的绝缘电阻,阻值也应为∞。

(2)测试电源变压器次级绕组的空载电压。通过前几项检测后,将变压器的初级线圈接于初级线圈所标定的电源上,万用表置交流电压挡,选好量程,两根表笔分别接次级绕组两根引出线进行测量,误差应小于10%。测量中若变压器出现焦味、冒烟、温升过快或输出电压降低很多,应立即切断电源,如果工作时嗡嗡声过大可能是因为线圈绕线不紧凑。

(3)空载电流的测量。变压器次级开路,初级接额定电压,测量初级电流。正常情况下这个电流不应超过额定电流的10%,否则说明变压器漏电严重。

6.二极管的检测

(1)普通二极管的检测。晶体二极管具有单向导电性,正反向电阻相差很大。利用这个特点可以用指针式万用表的欧姆挡测量判别其正、负极引脚。如图2.3.2所示,测量时用$R×100$或$R×1k$挡(对于面接触型的大电流整流管可用$R×1$或$R×10$挡),测量挡位的不同,测得的正向电阻值也会不一样。把万用表黑表笔与红表笔分别接二极管的2个电极,测出电阻值,然后对调两表笔再测一次电阻值。若二极管是好的,则测得阻值为小电阻值时,黑表笔接的是二极管的正极,红表笔接的是二极管的负极。

晶体二极管的质量也可用万用表的欧姆挡做简单粗略的测量。良好的二极管正、反向电阻相差很大。若正、反向电阻都很大,说明二极管已开路失效;若正、反向电阻都很小,说明二极管已短路或击穿。

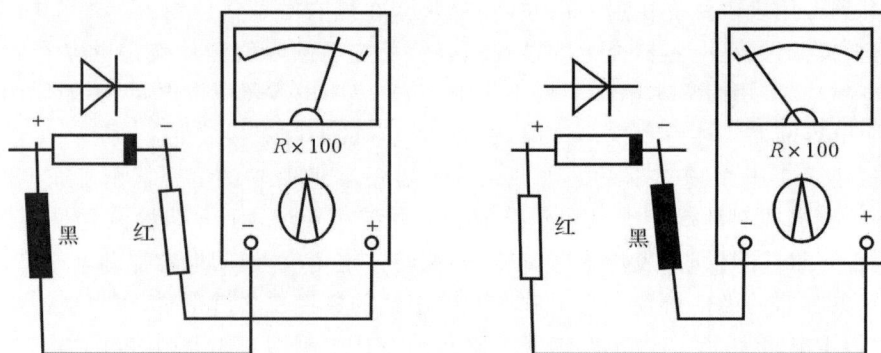

图 2.3.2 普通二极管极性检测

(2)发光二极管的检测。发光二极管和普通二极管一样也有单向导通性,可以像普通二极管一样检测出极性。要注意的是由于发光二极管的正向导通电压比普通二极管高,一般为1.5～2.5V,用低电源(1.5 V)的万用表$R×100$或$R×1k$挡测量时它不会导通,只有用高电源(3V)的万用表测量时发光二极管才会导通。与普通二极管相比,在相同的电阻挡位下测得的正向电阻值要大一些。

发光二极管能将电能转化为光能,因此可对其发光特性进行检测。方法一:用一只用高电源的万用表打$R×100$或$R×1k$挡进行检测,黑表笔接被测发光二极管正极,红表笔接发光二极管负极,此时发光二极管应发光,如果不发一点光,说明发光二极管是坏的。方法二:如图2.3.3(a)所示,选同一种型号的低电源(1.5V)万用表两块,均打$R×100$或$R×10$挡,然后将两块万用表串联使用,黑表笔接被测发光二极管的正极,红表笔接被测发光二极管的负极,此时发光二极管应发光,如果不发一点光,说明发光二极管是坏的。方法三:如图2.3.3(b)所示选一个$330\mu F$的电解电容器,用万用表的$R×100$挡,红表笔接电容器负极,黑表笔接电容器正极,给电解电容充电。充电后,黑表笔接电容的负极,红表笔接被测发光二极管的负极,被测发光二极管的正极接电解电容的正极,此时,发光二极管应发光且慢慢熄灭,表明被测发光二极管是好的。如果按照上述的方法进行连接后,被测发光二极管一点亮度都没有,说明发光二极管是坏的。

在测量的过程中,以上 3 种方法都不要用 $R\times1$ 挡进行测量,因为该挡的内阻太小输出电流大,会使发光二极管损坏。

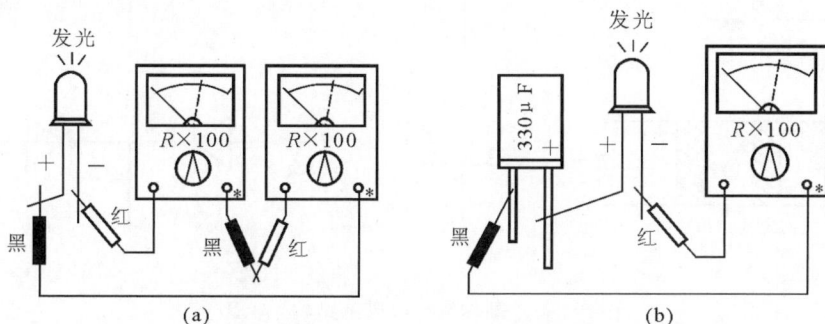

图 2.3.3　发光二极管发光特性检测
(a)将两块低电源万用表串联;　(b)借助电解电容器

7. 全桥硅整流堆的检测

全桥硅整流堆内部采用 4 个整流二极管,已按桥式整流方式接好并封装为一体,在它的封装表面印有输入端符号"～"和输出端符号"＋""－"。有时由于某种原因,封装表面的字符不存在或维修时需要检查全桥的好坏。这时就需要按照下述方法进行检测。

(1)全桥的管脚判别。如图 2.3.4 所示从全桥的内部等效电路可以看出:全桥有两个输入端子分别接在 VD_1 和 VD_4 负端,两个输出端子分别接在 VD_4 的正端、VD_2 负端。从输出端看进去的等效电阻相当于两个二极管正向串联后再并联,因此具有一个二极管的正、反向电阻特性,从输入端看进去的等效电阻相当于两个极性相反的二极管串联后再并联,因此具有正反向电阻都很大的特性。根据这一特性,可以用万用表 $R\times100$ 或 $R\times1k$ 挡,测任意两管脚,找出正反向电阻都很大的两个管脚时,这两个管脚就是输入端,剩余两管脚是输出端。测量输出端两个端子,电阻小时红表笔接的是输出端的"＋"极,黑表笔接的是输出端的"－"极。

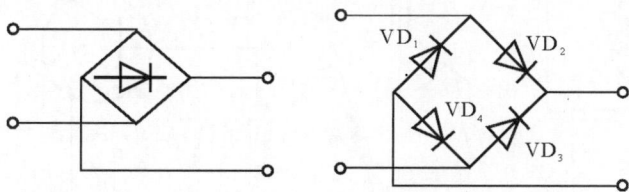

图 2.3.4　全桥在电路中的图形符号和内部等效电路
(a)全桥的图形符号;　(b)全桥的内部等效电路

(2)全桥的好坏判别。用 $R\times100$ 或 $R\times1k$ 挡,分别测量全桥的 4 个二极管的正、反向电阻。若某二极管正、反向电阻都很大,说明该二极管已开路失效;若某二极管正、反向电阻都很小,说明该二极管已短路或击穿。

8. 三极管的检测

(1)三极管的管脚判别。

1)三极管基极和类型的判别。如图 2.3.5 所示,NPN(PNP)型三极管,基极 B 对发射极 E

和集电极 C 相当于正向(反向)分别接了一个二极管。

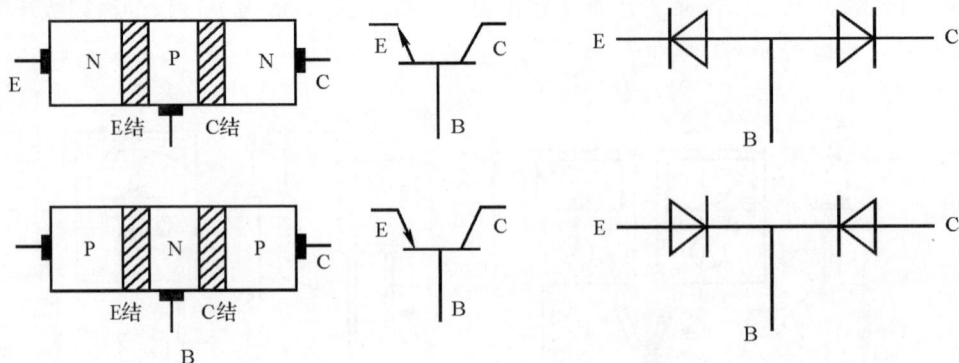

图 2.3.5　晶体管三极管的结构示意图

测试前将万用表置于电阻 $R \times 1k$ 或 $R \times 100$ 挡,用两根万用表表笔检测三极管的任意两个电极,总能找出这样一个电极,它对其他两个电极的电阻都小,这个电极就是三级管的基极。如果此时是红表笔接的基极,则该三极管是 PNP 型三极管,如果此时是黑表笔接的基极,则该三极管是 NPN 型三极管。

2)集电极和发射极的判别,三极管放大能力的检测。如图 2.3.6 和图 2.3.7 所示,在未判断的两个管脚中,任意假设一个管脚为集电极,对于 NPN(PNP)型管,则将黑(红)表笔接假设的集电极管脚,红表笔接另一管脚。用一只 $100k\Omega$ 的电阻接于基极与黑(红)表笔之间,此时可测得一个电阻值,然后重新假设另一未测管脚为集电极重新按上述方法再测量一次,此时也可测得一个电阻值,比较两次测得的电阻值中较小的一次,即指针偏转较大的一次,黑(红)表笔所接管脚为 NPN(PNP)型管的实际集电极,另外一管脚就是实际的发射极。

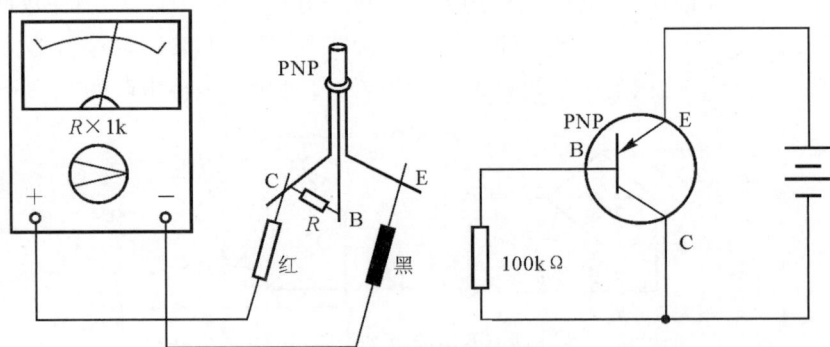

图 2.3.6　PNP 型三极管管脚的判别

为了方便起见,在实际的测试中往往用潮湿的手指搭接在假设的集电板和基极之间来代替 $100k\Omega$ 电阻。注意测量时不要让集电极与基极碰在一起,如图 2.3.8 所示。

比较不同三极管指针偏转较大的一次的指针偏转量,哪个三极管指针偏转越大,哪个三极管放大能力越大,β 值越大。

3)三极管穿透电流 I_{CEO} 的检测。用 $R \times 1k$ 挡测量三极管 E,C 间的阻值,NPN 型三极管红表笔 E 极,黑表笔 C 极,PNP 型三极管表笔接法反之,若所测得的阻值偏小(硅管大于数百

kΩ,锗管大于数 kΩ,大功率管略小),说明三极管性能不稳定。用手捏住三极管的管壳约一分钟,观察万用表指针向右漂移情况,指针向右漂移摆动速度越快,阻值越小,说明三极管温度稳定性越差。

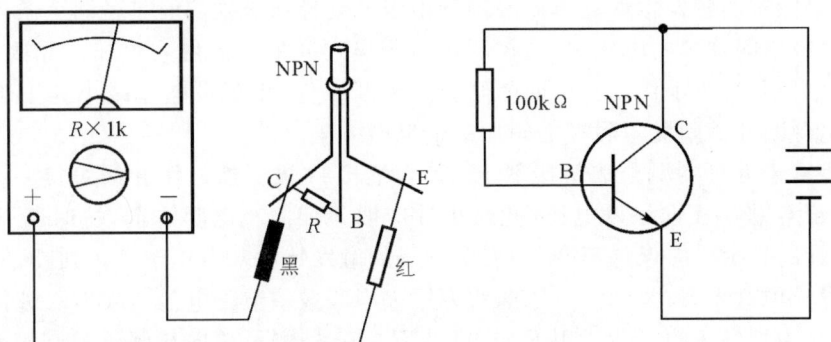

图 2.3.7　NPN 型三极管管脚的判别

(2)三极管的好坏检测。测量基极和发射极之间,基极和集电极之间的正向电阻和反向电阻,正向电阻应为数百 Ω 到数 kΩ,反向电阻应为数百 kΩ 以上,如果测得反向电阻很小或为零,说明管子被击穿或短路。如果正向电阻为无穷大,说明管子断路。测量发射极、集电极之间的正向电阻和反向电阻,阻值都应该很大,否则说明管子被击穿。注意,小功率管子和反向击穿电压低的管子不能使用 $R \times 10k$ 或 $R \times 1$ 挡测量,以免损坏三极管。

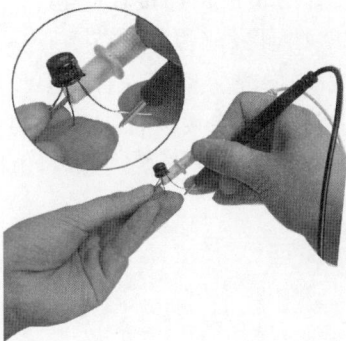

图 2.3.8　用潮湿的手指代替 100kΩ
电阻判别 NPN 三极管管脚

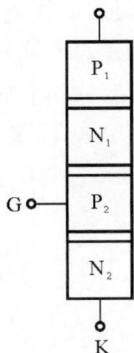

图 2.3.9　单向晶闸管结构
及图形符号

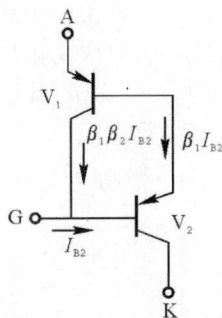

图 2.3.10　单向晶闸管
等效电路图

9.晶闸管的检测

晶闸管是一个可控的单向导电开关,它以弱电去控制强电的各种电路。单向晶闸管也称普通晶闸管(SCR),它是由 PNPN 四层半导体材料构成的三端半导体器件,3 个引出电极分别是阳极 A、阴极 K 和控制极 G(又称门极),其结构及电路图形符号如图 2.3.9 所示。单向晶闸管其内部可以等效为一只 PNP 型晶体管和一只 NPN 型晶体管组成的组合管,如图2.3.10 所示。

(1)单向晶闸管电极的判断。将万用表置于 $R \times 1k$ 或 $R \times 100$ 挡,将黑表笔接某一电极,红表笔依次触碰另外两个电极,假如有一次阻值小,而另一次阻值大,就说明黑表笔接的是控制极 G。在所测阻值小的那一次测量中,红表笔接的是阴极 K;而在所测阻值大的那一次,红表笔接的是阳极 A。若两次测出的阻值都很大,说明黑表笔接的不是控制极 G,应改测其他电极。

(2)单向晶闸管的触发特性。单向晶闸管由阻断到导通必须同时具备两个条件:一是晶闸管的阳极与阴极之间加正向电压,二是控制极与阴极之间加正向触发电压。晶闸管从截止到导通后,触发电压就失去了作用。单向晶闸管的关断条件:将阳极电流减小到小于维持电流,也可使阳极电源断开或阳极与阴极之间加一个反向电压。

将万用表置于 $R×1$ 挡,红表笔接 K 极,黑表笔接 A 极。然后用导线短接一下 G 极和 A 极,这相当于给 G 极一正向触发电压,此时指针应明显偏向小电阻方向,这时断开 A 和 G 极间的连线,指针的指示值应保持不变,则表明管子的触发特性基本正常。否则就是触发特性不良或不能触发。但对于大功率管,可用两块万用表串联或一节干电池与表串联进行测量。

(3)单向晶闸管好坏的判断。用 $R×100$ 或 $R×10$ 挡测量单向晶闸管控制极 G 与阴极 K 之间的正、反向电阻,两者只要有差别即正常。若正、反向电阻皆为无穷大,说明控制极开路,反之,若正、反向电阻全部为零,说明控制极短路。用 $R×1k$ 或 $R×10k$ 挡测量控制极 G 与阳极 A 之间电阻或阳极 A 与阴极 K 之间的电阻,表笔不管怎么接,电阻都很大,若出现较明显的正、反向电阻值,则说明其中的 PN 结已击穿或短路。

10. 数码管的检测

LED 数码管由 8 只发光二极管按一定的连接方式组合而成,能够显示 0~9 的数字和简单的字符。发光二极管连接形式有两种,即共阴型和共阳型。如图 2.3.11 所示,共阴型数码管各发光二极管的负极均连接在一起;共阳型数码管各发光二极管的正极均连接在一起。

(1)判断管型。将高电源万用表置于电阻 $R×1k$ 或 $R×100$ 挡,将红(黑)表笔接某一管脚,将另一表笔依次接其他管脚,直到依次所接的所有管脚万用表均导通。接某一管脚不动的表笔如果是红表笔,数码管为共阴型,如果是黑表笔,数码管为共阳型。接某一管脚不动的表笔所接管脚为 8 只发光二极管所接公共端 COM,共阳(阴)型公共端表示为"+"("-"),电阻为零的另一管脚为另一公共端。

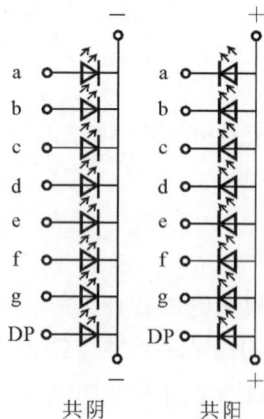

图 2.3.11　数码管等效电路图

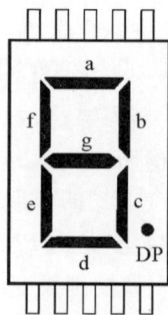

图 2.3.12　数码管封装结构图

(2)判断管脚。共阴型(共阳型)将红(黑)表笔接公共端,黑(红)表笔分别接另一公共端外其他管脚,当数码管某一发光二极管亮时,黑(红)表笔所接管脚为图 2.3.12 中所示发光笔画所表示的字母。

三、常用元器件检测工程训练

(1)熟悉指针式万用表的使用方法,注意 960 型万用表为高电源万用表。

(2)要求按上面所说元器件检测方法进行检测。

(3)拿到元器件,要及时清点、核对,注意它们封装外形,并注意它们的管脚是否齐全。

如图 2.3.13 所示为元器件检测训练中所用的检测的元器件,图 2.3.14 所示为训练用电子产品装配、调试和试验中要检测的元器件。图 2.3.13 和图 2.3.14 中的元器件必须随便哪一个都会检测。

(4)操作过程中,注意保管好元器件,不要损坏元器件,对引脚较易断裂的元器件要特别注意。如,元器件管脚尽量不要折弯,如必须折弯,应从距根部 5mm 以外进行,弯度大于 120°。

(5)检测二极管和三极管,要注意的挡位是否正确,以防损坏元器件。

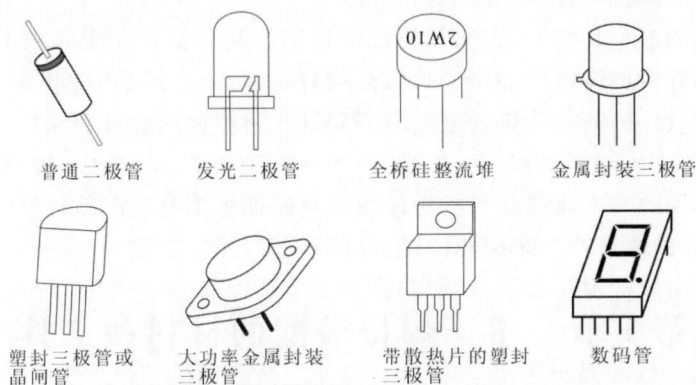

普通二极管　　发光二极管　　全桥硅整流堆　　金属封装三极管

塑封三极管或　　大功率金属封装　　带散热片的塑封　　数码管
晶闸管　　　　三极管　　　　　三极管

图 2.3.13　元器件检测训练所用的元器件封装外形

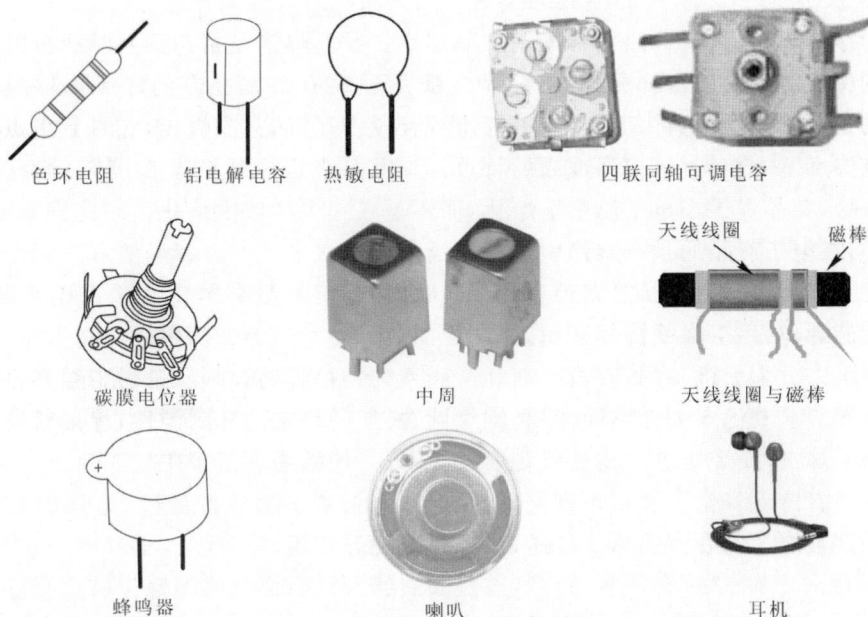

色环电阻　　铝电解电容　　热敏电阻　　　　四联同轴可调电容

碳膜电位器　　　　中周　　　　　天线线圈与磁棒

天线线圈　　磁棒

蜂鸣器　　　　喇叭　　　　　耳机

图 2.3.14　电子产品装配、调试和试验中要检测的元器件封装外形

第3章

手工焊接技术基础训练

焊接是利用加热、加压或其他方法，使用填充料或不使用填充料，依靠原子间扩散与结合，使两种金属达到永久牢固地结合的工艺方法。

焊接技术可分为熔化焊、压力焊和钎焊。钎焊又可分为软钎焊（熔点低于450℃）和硬钎焊（熔点高于450℃）。软钎焊中的锡焊是电子工业中应用最普遍的焊接技术。它是用锡铅焊料进行焊接的，它具有成本低、焊接温度低、操作简单、更换元器件方便的优点。锡焊焊接技术可分为手工焊、波峰焊接和再流焊等几种。

锡焊焊点形成的过程是润湿、扩散和形成结合层。润湿就是在金属表面形成均匀、平滑、连续并附着牢固的焊料层（可焊性好）。扩散是指焊料与焊件金属彼此扩散（流动性好），这种扩散在两者之间形成一种新的金属合金层（达到牢固结合），将它们结合成一个整体。

手工焊接技术在电子产品的开发、试制、小批量生产和调试维修中，被广泛使用，是从事电子产品工作所应具备的基本技能。手工焊接技术基础训练是电子产品装配工艺基础能力的训练，它是后面所进行的电子产品装配和调试训练的基础。

第1节 手工焊接装配的材料和工具

一、手工焊接的材料

手工焊接的焊料为锡铅焊料，常采用共晶焊锡。共晶焊锡是指达到共晶成分的锡铅焊料，在工程应用中常将锡的质量分数为61%，铅的质量分数为39%左右的焊锡统称为共晶焊锡。应用最多的是锡的质量分数为63%，铅的质量分数为37%的共晶焊锡，它具有熔点低、熔点温度和凝固点温度基本相同、焊接强度高的特点。在共晶点可以从液态直接转化为固态而不经过半液态区域；共晶焊锡在单一温度下熔化，而不是在一个区域内熔化。因此它对元器件造成的热损坏小，在电子产品的生产维修中都被广泛使用。

焊料有片、块、棒、带、丝状等多种形状。丝状焊料称为焊锡丝，中心包着松香助焊剂的焊锡丝叫松脂芯焊丝，手工烙铁锡焊常用。

助焊剂可以分为无机系列、有机系列和树脂系列。松香助焊剂属于树脂系列，成分为在松香中加入活性剂。其优点为无腐蚀性、高绝缘性、长期的稳定性和耐温性，焊接后清洁容易，并形成膜层覆盖焊点，使焊接点不易被氧化腐蚀，在电子焊接中广泛采用。

助焊剂具有清除氧化层和防止氧化，增强焊料和被焊金属表面活性，增强焊料流动性，加快从烙铁头到被焊金属表面的热量传递，使焊点美观等作用。

二、手工焊接的工具

如图 3.1.1 所示,手工焊接训练的常用工具有尖嘴钳或镊子、斜口钳、烙铁架、小刀(可用断锯条代)、电烙铁等。应仔细清点分发的工具。

尖嘴钳头部较细,适用于夹小型金属零件或弯曲元器件引线,不宜用于扳弯粗导线、敲打物体或夹持螺母。镊子有尖嘴镊子和圆嘴镊子两种,尖嘴镊子用于夹持较细的导线或夹持较小的元器件,以便于装配焊接。圆嘴镊子用于弯曲元器件引线和夹持元器件焊接等,用镊子夹持元器件焊接还起到散热作用。斜口钳用于修剪焊后的线头,也可与尖嘴钳合用来剥导线的绝缘皮。小刀用来清除焊盘或引线上的氧化层,没有小刀时可用断锯条代替。

电烙铁是必备的焊接工具,其作用是加热焊接部件,熔化焊料,使焊料和被焊金属连接起来。

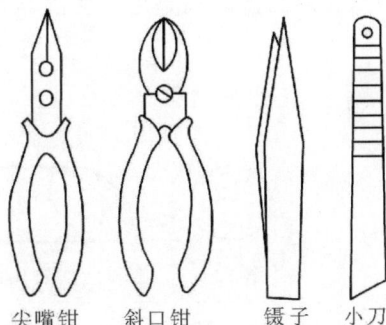

图 3.1.1　手工焊接常用工具

1.电烙铁结构组成

电烙铁由发热部分、储热部分和手柄三部分组成。

发热部分:俗称烙铁芯,这部分的作用是将电能转换成热能。

储热部分:就是通常所说的烙铁头,它在得到发热部分传来的热量后,温度逐渐上升,并把热量积蓄起来。通常采用紫铜合金作为烙铁头。

手柄部分:是直接与操作人员接触的部分,它应绝缘强度高、熔点温度高,便于操作人员灵活、舒适地操作。手柄一般由木料、胶木或耐高温塑料加工而成,通常做成直式和手枪式两种。

2.电烙铁的种类

按加热方式(按发热器件置于烙铁头内外)分内热式和外热式。内热式电烙铁,如图 3.1.2(b)所示,其加热器一般由电阻丝缠绕在密闭的陶瓷管上制成,插在烙铁头里面,被烙铁头包起来,直接从烙铁头内部对烙铁头进行加热,因此称为内热式电烙铁。外热式电烙铁又称旁热式电烙铁,如图 3.1.2(a)所示,其加热器由电阻丝缠绕在云母材料上制成,而烙铁头插入加热器里面,加热器从烙铁头外部对烙铁头加热,因此称为外热式电烙铁。内热式电烙铁的热转换效率较高,一把标称值为 20W 的内热式电烙铁,相当于 25～45W 外热式电烙铁所产生的温度。

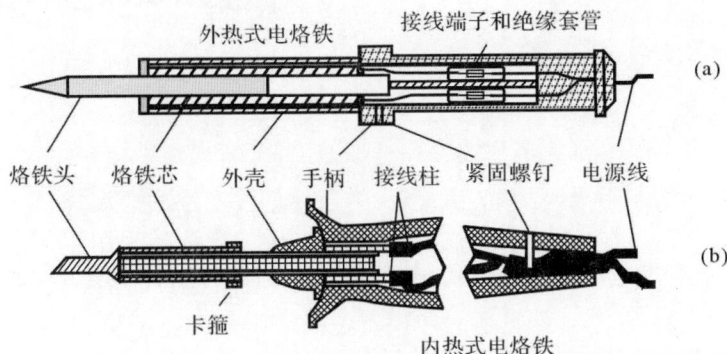

图 3.1.2　内热式与外热式电烙铁内部结构示意

3.训练用电烙铁的使用和保养

手工焊接训练采用30W外热式长寿命电烙铁,电烙铁头的形状是圆斜面(或马蹄形)的,如图3.1.3所示。

(1)电烙铁使用前必须给烙铁头镀锡并检查电源线外面的绝缘层是否有破损。

(2)高温海绵是用来去除烙铁头上锡渣和锡珠的,须始终保持有一定量水分。

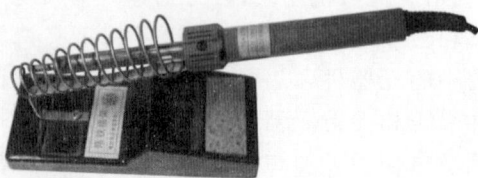

图 3.1.3　圆斜面烙铁头的形状　　　　图 3.1.4　电烙铁放在电烙铁架上的位置

(3)电烙铁使用时,要轻拿轻放,严禁敲击电烙铁,不使用时要放在电烙铁架上。如果发现异常,应立刻切断电源消除隐患。

敲击电烙铁将造成电烙铁芯的损坏和烙铁芯引线与电源线连接部分的松动。电烙铁如图3.1.4所示放在电烙铁架,不能放得太深,更不能直接将电烙铁放在工作台上,以防止烫伤别人、自己或物品。使用中还要注意小心烫伤电烙铁的电源线,所以电烙铁的电源线不宜过长。

(4)电烙铁不用时,应及时拔掉电源插头并利用切断电源后的余热给烙铁头镀上一层锡,以保护烙铁头。

拔掉电源插头,如图3.1.5(a)所示拔掉电源插头应该用手拿住电源线插头拔掉。如图3.1.7(b)所示为不正确的操作,严禁拉拽电源线以免电源线和插头处造成损伤引起触电事故。

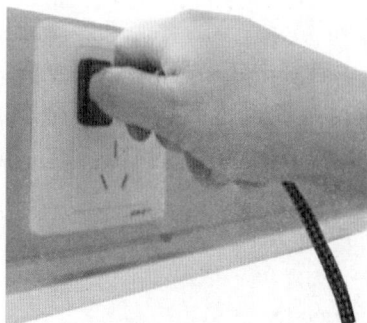
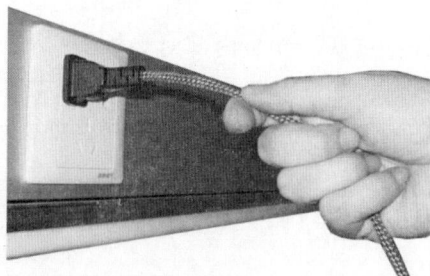

(a)　　　　　　　　　　　　　　　　　　　　　(b)

图 3.1.5　拔掉电源插头操作

(a)拔掉电源插头时的正确操作;　(b)拔掉电源插头时的不正确操作

(5)当烙铁头上有黑色氧化层难以使用时,用细砂轻轻打磨掉氧化层,立即涂上松香酒精溶液通电并镀上一层锡。

4.电烙铁的故障检查

电烙铁的电路故障一般有短路和开路两种。若是短路,接通电源,空气开关就会自动跳闸。若是开路,则电烙铁通电后不发热,通常是电烙铁的烙铁芯损坏或电源线与烙铁芯引线连接部分有开路,此时,用万用表测量电源插头间电阻为无穷大。若烙铁芯引线与电源线接触良好,一定是烙铁芯电阻丝断开,应更换烙铁芯。烙铁芯功率不同,其内阻也不同,30W 外热式电烙铁烙铁芯正常阻值约为 $1.4\sim1.8k\Omega$,可用万用表进行测量。

第 2 节　插装元器件的手工焊接

一、焊点工艺要求

(1)具有一定的机械强度。焊点必须焊牢,每个焊点都是被焊料包围的接点。

(2)具有良好的导电性能。焊点的焊锡液必须充分渗透焊接面,形成结合层,其接触电阻要小。

(3)焊点外形标准美观,表面干净、光滑并有光泽,大小适当。焊点外形为以引线为中心,匀称地成裙形(弓形)拉开,弓形向下凹,近似于圆锥体,表面微下凹,锥面与电路板的夹角为 $40°\sim45°$,焊料与焊件交接处平滑,接触角小,如图 3.2.1 所示。

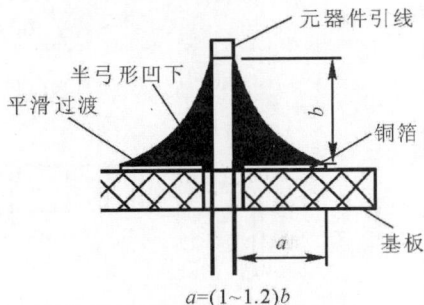

图 3.2.1　合格焊点外形图

二、焊接操作的步骤(五步焊接法)

一个焊点的操作需要经过如图 3.2.2 所示的 5 个步骤。现在详细介绍其操作工艺过程。

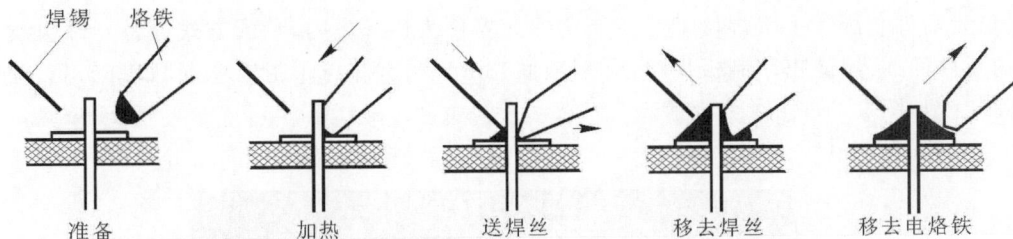

图 3.2.2　五步焊接法示意图

1. 准备

(1)检查烙铁头圆斜面应平整并有一层薄而均匀的焊锡层,无其他杂质,这是加快热量传递,保证焊接温度的重要因素。

(2)检查焊件表面清洁度,因为表面氧化物、粉尘、油污等杂物会妨碍焊料浸润被焊金属表面,影响焊接质量。如果焊件表面发乌有氧化,应对焊件的要焊接部位进行处理并镀锡。镀锡应在刮净的要焊接部位上镀锡。如图 3.2.3(a)所示,将引线上的氧化层刮去。如图 3.2.3(b)所示,将引线蘸一下松香酒精溶液后,将带锡的热烙铁头放在引线上涂抹并转动引线,即可使引线均匀地镀上一层很薄的锡层。导线焊接前,应将绝缘外皮剥去,再经过上面两项处理,才能正式焊接。若是多股金属丝的导线,应先拧在一起,然后再镀锡。

(3)对元件引线的成型。如图 3.2.4 所示,元器件引线不得从根部打弯,一般应从距根部 2mm 以上的位置打弯,以防从根部折断,使元器件不能使用。成型过程中任何弯曲处都不允许出现直角,要有一定的弧度,圆弧半径大于引线直径的1~2倍,否则会使折弯处的导线截面产生机械损伤,电气特性变差。

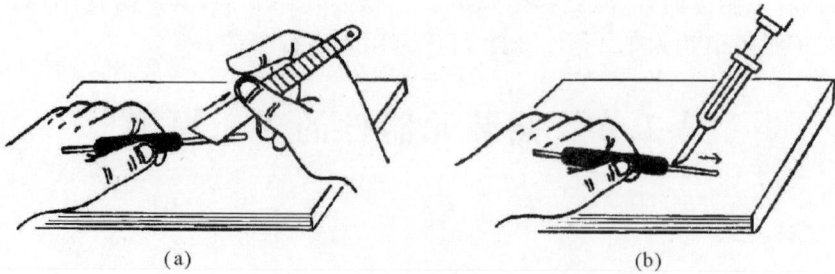

图 3.2.3　引线的处理与镀锡

(a)刮去氧化层；　(b)均匀镀上一层锡

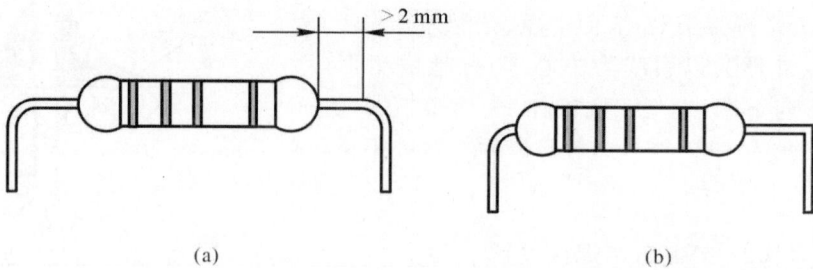

图 3.2.4　元件引线成型

(a) 正确；　(b)不正确

　　(4)元器件装配。手工焊接训练所使用的元器件为色环电阻,装配方式为将元件引线从印制板的元件面插入,露出印制板焊接面(铜箔面)3mm 左右并与印制板垂直,如图 3.2.5 所示。元件面装配如图 3.2.6(a)(b)所示。

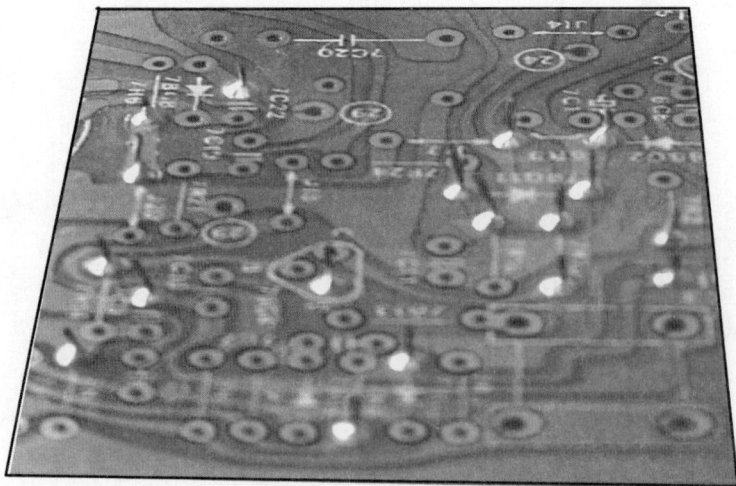

图 3.2.5　手工焊接训练合格焊点的电路板焊接面图

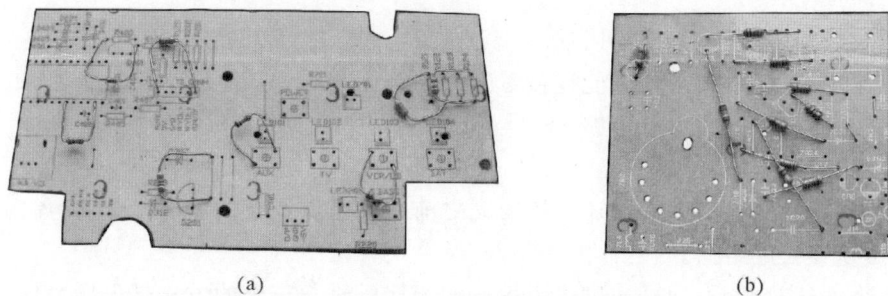

(a)　　　　　　　　　　　　　　(b)

图 3.2.6　手工焊接训练元件面图

（5）做好姿势：挺胸正坐，切勿弯腰，鼻尖至电烙铁尖端 20～40cm，如图 3.2.7 所示，一手握好电烙铁，一手拿好焊锡丝，电烙铁与焊料分居于元器件引线的两侧，焊锡丝的拿法为连续锡焊拿法，电烙铁拿法为握笔式。

图 3.2.7　手工焊接训练操作

2. 加热

烙铁头接触被焊引线与焊盘，使元器件引线与焊盘都要均匀受热。一般让烙铁头圆斜面尽量多地接触焊件，使烙铁头与焊件形成面接触而不是点或线接触，不要施加压力或随意移动电烙铁。

加热时要靠增加接触面积加快热量传递，不要用电烙铁对焊件施加力，以免损坏元器件和焊盘。利用电烙铁上保留的少量焊锡作为加热时电烙铁头与焊件之间传热的桥梁（焊锡桥）进行加热能使焊件更快地被加热到焊接温度。送锡前，加热时间不宜过长，否则会加快被焊接对象金属的氧化。

3. 送焊丝

当被焊引线与焊盘升温到焊接温度时，送上焊锡丝并与被焊部位连接处接触熔化并润湿整个焊盘与引线连接部位。

焊锡应从电烙铁对称侧加入接触引线与焊盘，不应直接加在电烙铁头上。为了使焊锡润湿整个焊盘，可将电烙铁带上引线与焊盘交叉位置上的锡（焊锡桥）后撤一点或使电烙铁与引线有一定夹角。

4.移去焊丝

熔入适量焊料后,迅速移去焊锡丝。

如果焊锡堆积过多,内部就可能掩盖着某种缺陷隐患,焊点的强度不会高;但如果焊锡填充得太少,焊点的机械强度也会不够。

5.移去电烙铁

在焊料流散接近饱满,助焊剂还未挥发完之前也就是焊点上的温度最合适、焊锡流动性最好的时候,迅速移去电烙铁。

移去电烙铁的时机、方向和速度决定焊点的焊接质量。正确的方法是先慢后快,在离开焊点时,应先往回收,再迅速移去电烙铁,以免形成拉尖。电烙铁移开方向与焊锡留存量有关,一般以与轴向成45°的方向撤离。在焊锡凝固之前不要使焊件移动或振动,否则会造成"冷焊",使焊点内部结构疏松,强度降低,导电性变差。

对一般焊点在5~8s完成。如果焊点需要修复,注意焊接次数不要超过3次。

总之,形成一个合格焊点应具备条件是:准确无误的安装,氧化层的仔细清洁,正确的加热方法和时间,送锡丝和移去焊丝时间的把握,正确地移去电烙铁的角度和速度。

三、用电烙铁拆焊、去锡及焊点修复

用电烙铁拆焊方法为:如图3.2.8所示,将印制板竖起来,用电烙铁对焊点加热至焊料熔化,同时用镊子或尖嘴钳夹住元件引线,食指以电路板为支点,将其中一条引线轻轻拉出来,然后用同一方法将另一条引线轻轻拉出来,这就是分点拆焊法。

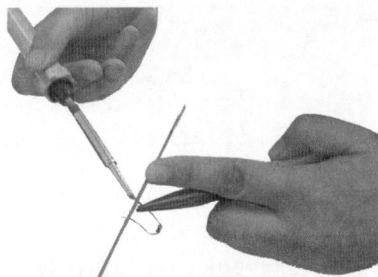

图 3.2.8　电烙铁拆焊图

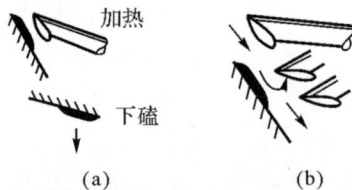

加热

下磕

(a)　　　　　(b)

图 3.2.9　用烙铁去除焊锡
(a) 下磕法;　(b) 下抹法

元器件拆完后,元器件的焊盘孔被焊锡堵塞,为了能在此处继续焊接,要将焊盘上的锡去掉使焊盘孔通透。去焊盘上锡的方法有两种。第一种方法:先将焊点加热,然后将印制板焊点铜箔面冲下,不等焊点凝固,在桌面上磕一下。这种方法不易损坏焊盘。第二种方法:先将电烙铁上多余的锡去除,如图3.2.9所示,将烙铁头圆斜面接触焊盘垂直向下撤离来吸除焊锡。当烙铁头上锡过多时,要去除烙铁头上多余的焊锡。去除烙铁头上多余的焊锡的方法是:用手背垫着,迅速朝烙铁盒或桌面蹾一下,电烙铁不要接触烙铁盒或桌面。

四、常见焊点缺陷及操作分析

造成焊点的缺陷很多,可能对电路板上的线路连接造成隐藏缺陷、强度不足、虚焊、断路、短路甚至损坏印制板等后果。总之要避免所有这些焊点缺陷就要求我们必须严格按照操作步

骤和技术要领进行操作,才能尽可能减少和避免焊点缺陷的产生,使电子产品质量有个良好的保障。

虚焊、短路和断路是焊接装配过程中常见的几个电路故障。下面论述它们的定义。虚焊是由于焊接温度不够、焊料太多、焊接面可焊性太差等原因造成的焊点表面不光滑、机械强度低、接触不良、接触电阻大等现象。短路是在电气上本来不应该连接的两条以上导线或者两个以上的焊点连接在了一起造成的电路故障,从焊接缺陷角度上讲叫桥接。断路是电气上本来应该连接的线路形成开路状态,使电流无法通过的电路故障。

隐藏缺陷是我们从表面上看不出来,但可以用测量仪器检测出来的缺陷,它可能为焊点内部的一些缺陷。

表 3.3.1 列出了常见各种焊点缺陷、焊点缺陷外形图、焊点缺陷的外观特征、焊点缺陷所造成的后果和焊点缺陷所形成的原因。

在焊接训练时应注意两个常见的问题:①电烙铁头圆斜面是否有氧化,可以避开氧化部位进行焊接,否则要重新修锉电烙铁。②送锡千万不能多,因为手工焊接训练中主要的焊点缺陷是锡多。可观察送锡时焊锡是否在焊盘上流动,否则重新开始操作。重新开始操作时要改变电烙铁与引线间的夹角或将电烙铁带上引线与焊盘交叉位置上的锡(焊锡桥)后撤一点。

表 3.3.1　常见各种焊点缺陷、外形图、外观特征以及产生的后果和原因

焊点缺陷	焊点外形图	焊点外观特征	后　果	原　因
凹陷、黑色界限		焊锡与元器件引线和铜箔之间有明显的黑色界限,严重时脱离焊盘。焊件和焊料结合部位凹陷	可能虚焊	引线未清洁好,焊盘未清洁好,使焊锡浸润不良
不对称		焊锡未浸满焊盘	强度不足	焊盘未清洁好或加热不足使焊料流动性差
倾斜		引线与印制板面不垂直,外形呈不对称状态	受力不均匀,易造成桥接短路	引线装配歪斜
豆腐渣		焊点呈灰白色、无光泽,结构松散,表面呈豆腐渣状,可能有裂纹	强度降低,导电性能不好,可能虚焊	焊接温度不够(冷焊)
焊料过少		焊点体积小,焊料未形成平滑的过渡面	机械强度不足	焊接送锡时间过短

续 表

焊点缺陷	焊点外形图	焊点外观特征	后 果	原 因
焊料过多		焊点表面向外凸出,严重时脱离焊盘	浪费焊锡,包藏缺陷,可能虚焊或断路	焊丝撤离过晚
焊点高		焊点过高,焊锡过多,外观不佳	易包藏缺陷	焊料过多;电烙铁撤离的角度不对
发白		焊点焊料平滑、发白,无金属光泽	强度降低	加热时间过长,焊接次数过多
拉尖		焊点出现尖端,外观不佳	焊接时容易造成桥接短路,高压电路易出现放电现象	时间太长或电烙铁撤离速度太慢
桥接		相邻焊盘连接	短路	焊料过多和电烙铁撤离的角度不对
针孔或气泡		目测或低倍放大镜可见焊点有孔或气泡	强度不足。焊焊点容易腐蚀,时间长容易引起导通不良	引线与焊盘孔的间隙过大;焊料未凝固前引线晃动;焊盘孔内空气膨胀
铜箔翘起		铜箔从印制板上剥离	印制板已被损坏	焊接时间太长,温度过高,焊盘受力

第3节 贴装元器件的手工焊接

虽然现在贴装元器件的焊接均采用回流焊接,但在产品实验、调试和维修中免不了要进行手工焊接,所以贴装元器件的手工焊接技术有待于研究和训练。

一、贴片元器件拆焊

常用的拆焊方法有分点拆焊法、集中拆焊法、间断加热拆焊法和快速循环移动加热拆焊法几种。

0805 或 1206 封装贴片电阻和贴片电容的拆焊：如图 3.3.1(a)所示，用电烙铁同时加热贴片电阻或贴片电容两个焊端，待焊锡同时熔化后，用镊子趁热取下贴片电阻或贴片电容，或将贴片电阻或贴片电容朝一旁推使其脱离焊盘，这种方法属于集中拆焊法。贴片电阻和贴片电容的拆焊也可以采用快速循环移动加热拆焊法。

贴片三极管或翼形管脚集成电路的拆焊：如图 3.3.1(b)所示，用电烙铁可在多个焊点上快速循环移动加热所有引脚，待所有引脚上的焊锡同时熔化后，用镊子趁热取下元器件，这种方法属于快速循环加热拆焊法。

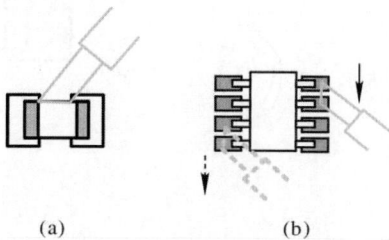

图 3.3.1　贴片元器件拆焊法

翼形管脚集成电路的拆焊：用快速循环加热拆焊法并借助于两把电烙铁可拆除 DFP 封装的两边有翼形管脚的集成电路。

拆焊技术难度高，使用不当会使焊盘脱落，应注意拆焊时间、拆焊温度和烙铁接触焊点的面积，可通过加锡来增加接触面积。

二、贴片元器件焊接步骤

1. 焊前准备

焊盘可焊性处理：电烙铁圆斜面向下在焊盘上镀少量焊锡。为了增加可焊性，可提前用配置松香酒精水（松香 23%、酒精 67%）覆于焊盘上。

焊端和管脚的处理：如果是拆下来的元器件，应去除贴片电阻或电容焊端的多余焊锡，去除贴片三极管和贴片集成电路管脚上多余焊锡并使所有管脚在一个水平面上（共面性）。

2. 固定贴片元器件

焊接贴片元器件，一般先焊接一个焊端或管脚以固定住贴片元器件，再焊接其余焊端或管脚，再返回来修复起固定作用的焊端或管脚。由于一个人只有两只手，因而起固定作用的焊端或管脚只能采用载锡焊。

载锡焊是提前用电烙铁蘸上少量锡进行的焊接。载锡焊由于焊锡和助焊剂加热时间过长、助焊剂提前挥发等原因，焊点质量欠佳，可用来临时固定元器件，是不得已而采用的办法。下面介绍两种载锡焊。

直接载锡焊：提前给一焊盘镀锡，锡面不要求平整。用镊子夹持贴片元件使焊端靠近镀锡焊盘位置且紧贴板面，用电烙铁蘸少量锡进行焊接同时夹持元件向镀锡焊盘推进，使贴片元件被推到正常位置。

去锡或涂覆后载锡焊：先对所有焊盘镀锡，并要求去除焊盘上多余的焊锡使焊盘上焊锡薄且平整。然后如如图 3.3.2 所示，用镊子夹持元件到焊盘位置，使贴片元器件焊端或管脚对位准确且紧贴板面。最后用电烙铁蘸少量锡，点焊贴片元件一端使其固定。

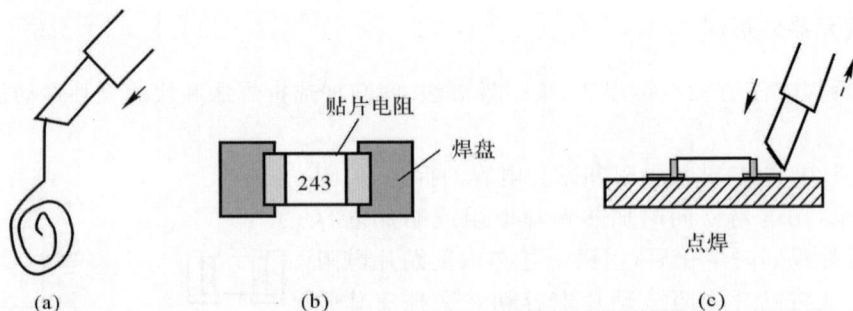

图 3.3.2　载锡焊固定贴片元器件

(a)烙铁蘸少量锡；　(b)夹持元件到焊盘位置；　(c)点焊

3. 焊接另一焊端或其余端子

放焊锡丝于贴片元件另一焊端或其余管脚和焊盘交接处,用电烙铁点焊。用电烙铁对贴片元器件进行焊接,由于焊接面小,焊接时间较短,叫点焊。先放焊锡丝于焊接部位,然后用电烙铁冲焊锡丝和焊接部位点焊,叫压锡点焊。

压锡点焊按烙铁焊接的方向和位置可分为压锡侧点焊和压锡斜点焊、压锡下点焊。

(1)压锡侧点焊:电烙铁圆斜面面向元件焊端。侧点焊点焊锡易多,易连接焊端。

(2)压锡斜点焊:电烙铁圆斜面既面向元件焊端,又面向元件焊盘。斜点焊锡适量,易连接焊端和焊盘,易去拉尖,但当圆斜面较大时焊接困难。

(3)压锡下点焊:电烙铁圆斜面面向元件焊盘。下点焊点焊锡适量,可用来去除焊点上多余的焊锡,下点易连接焊端,易去拉尖,但易误连邻近焊盘。

(4)侧旁点焊(传热熔锡焊):焊锡丝不是从焊端中间送入,而是从焊端靠近棱边的一旁送入,烙铁搭在靠近另一棱边的一旁,利用烙铁传过来的热量进行焊接。焊点质量好。

压锡侧点焊、压锡斜点焊、压锡下点焊和传热熔锡焊(侧旁点焊)如图 3.3.3 所示,实线表示电烙铁焊接的方向,虚线表示电烙铁的撤离方向。为了防止拉尖,应注意烙铁撤离的速度和方向,沿元件封装内侧撤离不易拉尖。

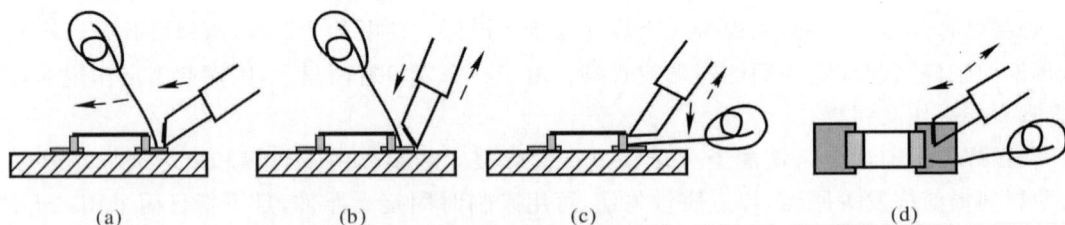

图 3.3.3　压锡焊和传热熔锡焊

(a)压锡侧点焊；　(b)压锡斜点焊；　(c)压锡下点焊；　(d)传热熔锡焊

4. 修理固定焊端或管脚的焊点

固定焊端或管脚由于采用载锡焊,焊点质量不高,需要用电烙铁点焊进行修复,方法同步骤 3,根据情况可提前去锡后修复。

5. 焊点质量检查

如图 3.3.4 所示,贴片元件安装应准确,不能产生图的移位现象,焊点应光滑、光亮,没有拉尖现象,外形呈现到焊端高度或管脚高度的坡面,管脚可被薄薄焊锡所覆盖,如图 3.3.5 所示。

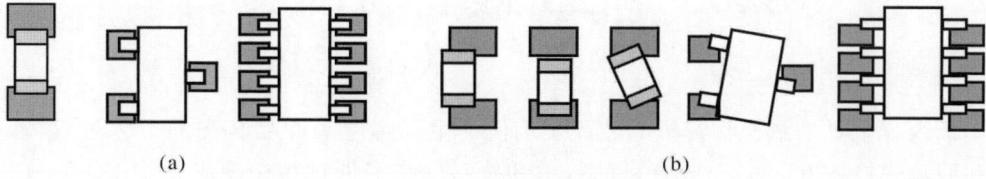

(a)　　　　　　　　　　　　　　　　　　(b)

图 3.3.4　元件对位图

（a)合格；　(b)不合格

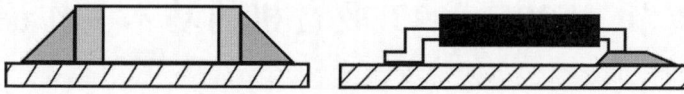

图 3.3.5　焊点锡量图

第 4 章

S205 — 2T 收音机的实训

本章内容主要是结合收音机的装配实训使学生了解电子产品装配的工艺过程,掌握手工焊接和回流焊接 S205 — 2T 收音机的技术和技巧。在实训过程中要求认识 S205 — 2T 收音机的电子元器件,掌握收音机的仪器调试或无仪器主观调试技术,掌握万用表测试收音机静态参数的方法,熟悉 S205 — 2T 收音机故障排除的方法和具体操作。

第 1 节   S205 — 2T 收音机的基本工作原理

一、广播电台信号的发射

广播电台向空间发射无线电信号时,如果以音频的频率向空间发射信号会受到经济成本高、传输距离短、不易向空间辐射、接收端容易受到干扰等条件的限制。即使不考虑这些因素,如果广播电台都采用音频频率向空间发射无线电广播信号,对于接收端来说要从中选择出所需要的音频信号而不受其他音频信号的干扰会使接收电路非常复杂,成本大大地提高。因此,广播电台向空间发射的音频信号都要进行一些加工,然后向空间发射。

如图 4.1.1 所示,话筒将声音信号转换成微弱的音频电流信号送入发射机内部调制器去控制高频振荡器产生的等幅高频正弦信号的频率或者幅度,使音频信号转换成高频信号以利于空间发射,这个过程叫调制。调制后的已调制信

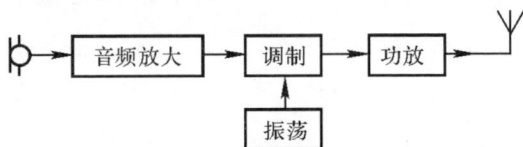

图 4.1.1   广播发射机方框简图

号进入功率放大器进行电压电流放大,然后由天线向空间发射,这就是无线电广播信号。

如图 4.1.2 所示,音频信号称为调制信号,高频振荡器产生的信号称为载波,经过调制后的信号称为已调信号。调制有调幅(AM)和调频(FM)两种方式,对应这两种调制方式的已调信号分别为调幅波和调频波。调幅波的频率和载波的频率是一样的,但是调幅波的幅度是变化的,其幅度的变化规律和调制信号的变化规律是一样的,所不同的是调制信号是一个单边带信号,而调幅波是一个双边带信号,其幅度包络线的变化反映了调制信号的变化规律。对于调频波而言,其幅度和载波的幅度是一致的,而它的频率是变化的,它的频率的变化规律反映了调制信号的变化规律。

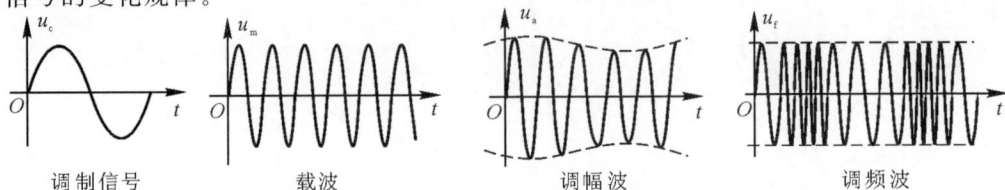

| 调制信号 | 载波 | 调幅波 | 调频波 |

图 4.1.2   广播电台信号的发射

二、广播电台信号的接收

可以接收到广播电台信号的接收机称为收音机。广播电台信号的接收按接收方式可以分为直放式(高放式)和超外差式,对应的接收机分别称为直放式收音机和超外差式收音机。

1. 直放式收音机

方框图是一种电路功能图,它用来加强读者对电路原理图的理解。它沿着信号传递的方向,将途经的功能模块和电路动作的元件绘制出来,功能模块和电路动作的元件之间用带箭头的直线连接,箭头的方向为信号传递的方向,功能模块用带有方框的文字说明来表示。

如图 4.1.3 所示为直放式收音机的电路方框图,它由输入选频、高频放大、检波、功率放大等电路组成。在天线后要接入一个谐振电路(输入选频电路),把接收的高频信号选出来送到高频放大器加以放大,放大后的信号送到检波器进行检波,把搭载在高频载波上的低频声音信号检出来,再经过低频功率放大器放大到一定强度,然后由扬声器或耳机把低频声音信号转变为声波。

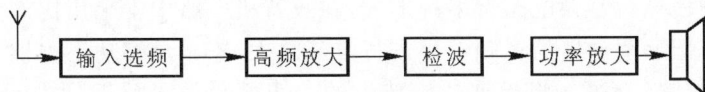

图 4.1.3　直放式收音机的电路方框图

直放式收音机在检波级以前一直不改变它原来信号的频率,因此叫直接放大式收音机,简称直放式收音机。直放式收音机虽然电路结构简单、成本低廉,但频率低端和高端的信号放大量不均匀,电路稳定性差,失真度大,容易串台,灵敏度很难提高。

2. 超外差式收音机

对应于广播电台无线电信号调幅和调频两种发射方式,超外差式接收机接收方式也分为两种,即调幅接收方式和调频接收方式,图 4.1.4 和图 4.1.5 所示分别为 S205—2T 收音机的两种接收方式的电路框图。现在解释各框内单元电路的功能。

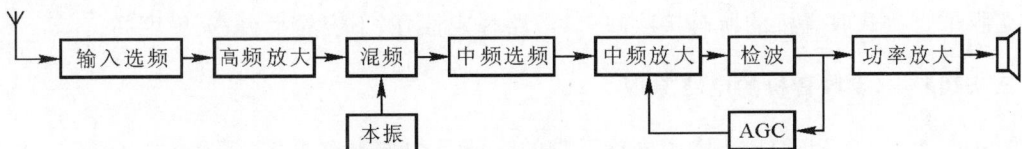

图 4.1.4　S205—2T 收音机调幅(AM 波段)电路方框图

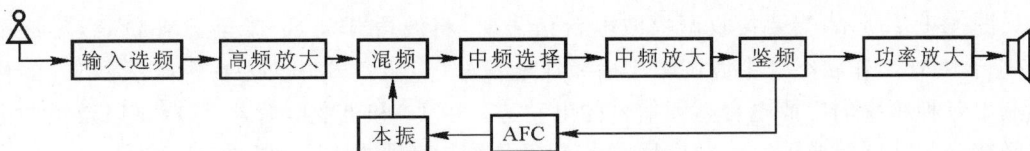

图 4.1.5　S205—2T 收音机调频(FM 波段)电路框图

(1)输入选频:广播电台的无线电波在收音机的天线中激发出许多高频信号,输入选频电路由电感和电容组成一个 LC 谐振电路,利用它的谐振特性把要接收的高频已调信号选择出来。

(2)高频放大:将经过输入电路输出的已调高频信号进行放大,使之达到混频器正常工作所需的电平。

(3)混频:将已调信号与本振电路所产生的本机振荡信号进行混频,生成含有中频载波的组合信号。

(4)中频选择:从含有中频载波的混合信号中选择出中频载波。

(5)中频放大:放大中频载波信号使之达到解调器正常工作所需的电平。

(6)解调:从已调信号中检出音频调制信号的过程叫解调。对应于两种已调信号(调幅波和调频波)的解调分别称为检波和鉴频。

检波:从振幅受到调制的已调信号中还原出原来的音频信号。检波电路采用非线性元器件(二极管、三极管)来实现对调幅波的解调。

鉴频:从频率受到调制的已调信号中还原出原来的音频信号。鉴频电路的原理是将等幅调频波变成幅度随瞬时频率变化的调幅-调频波,然后利用检波器将振幅的变化检测出来,输出含有信息的音频信号。鉴频电路有多种形式,在收音机电路中常采用比例鉴频电路。

(7)功率放大:把解调输出的音频信号进行电流放大,输出足够功率去推动扬声器工作。

(8)自动增益控制(AGC):将检波器检波出的一小部分信号反馈到中频放大器来控制中频放大器的增益,这一过程是一个负反馈过程,它将使得收音机的音量不会随着空间广播无线电信号的强弱而发生变化,保证收音机的稳定工作。

(9)自动频率控制(AFC):自动控制本机振荡频率以保证混频器输出的中频频率稳定在10.7MHz。

综上所述,超外差式收音机由输入选频、高频放大、混频、本机振荡、中频选择、中频放大、解调(检波和鉴频)、自动控制(AGC 或者 AFC)、功率放大等电路组成。它的电路特点为:外部电台信号与本振信号进行混频,生成含有中频载波的组合信号,通过中频选择电路选择后,使高频载波变为统一的中频载波。

超外差式收音机的电路结构比直放式收音机的电路结构复杂、成本稍高,但从接受效果上看它克服了直放式收音机的所有接收缺点,电路稳定性好、不容易串台、灵敏度高。

三、S205 — 2T 收音机的电路原理

图 4.1.6 为 CXA1691BM 集成电路引脚的功能及内部电路框图,通过它可以了解集成电路的内部功能和各引脚外部线路的功能。

1. 调幅波广播的接收原理

如图 4.1.7 所示,当要接收调幅波电台信号时,将波段开关 S_1 拨至 AM 位置,集成电路 IC 将处于 AM 工作状态。中波调幅广播无线电信号(520～1 620kHz)在天线线圈 L_3 的初级上感应出各种频率的广播电台高频信号的电动势。由 L_3 和可变电容器 CO-1 以及微调电容器并联在一起共同组成了一个对广播电台高频无线电信号的串联谐振电路。当某一个电台的信号频率和谐振电路的谐振频率一致时谐振电路就会产生串联谐振,该广播电台的信号振幅就会被提高 Q 倍(Q 为谐振电路的品质因数),同时其他频率的广播电台信号振幅受到了抑制,从而选择出了我们所需的广播电台信号,这个电路通常被称为输入选频电路。

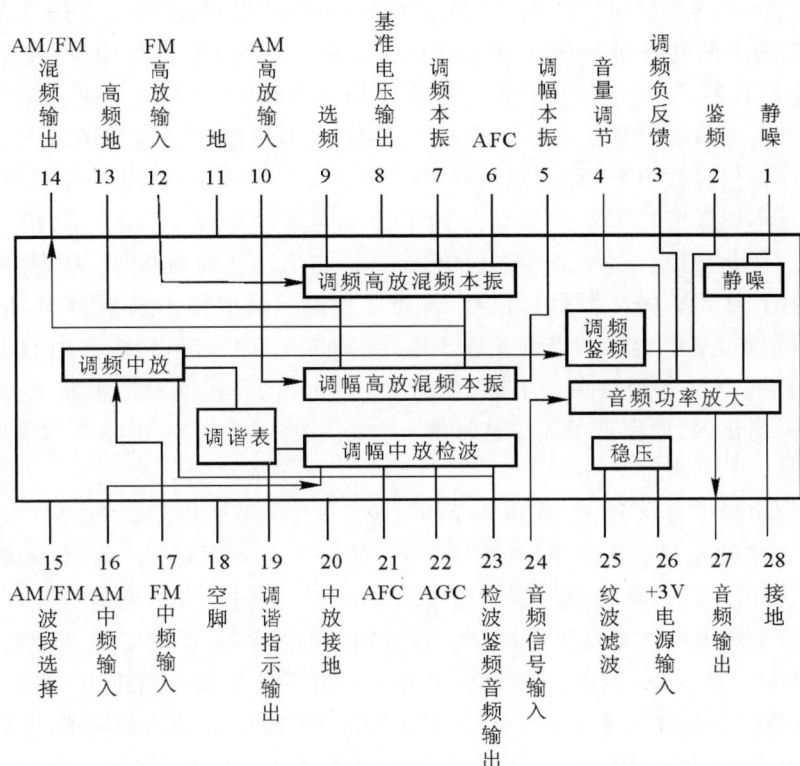

图 4.1.6　CXAl691BM 集成电路引脚的功能及内部电路框图

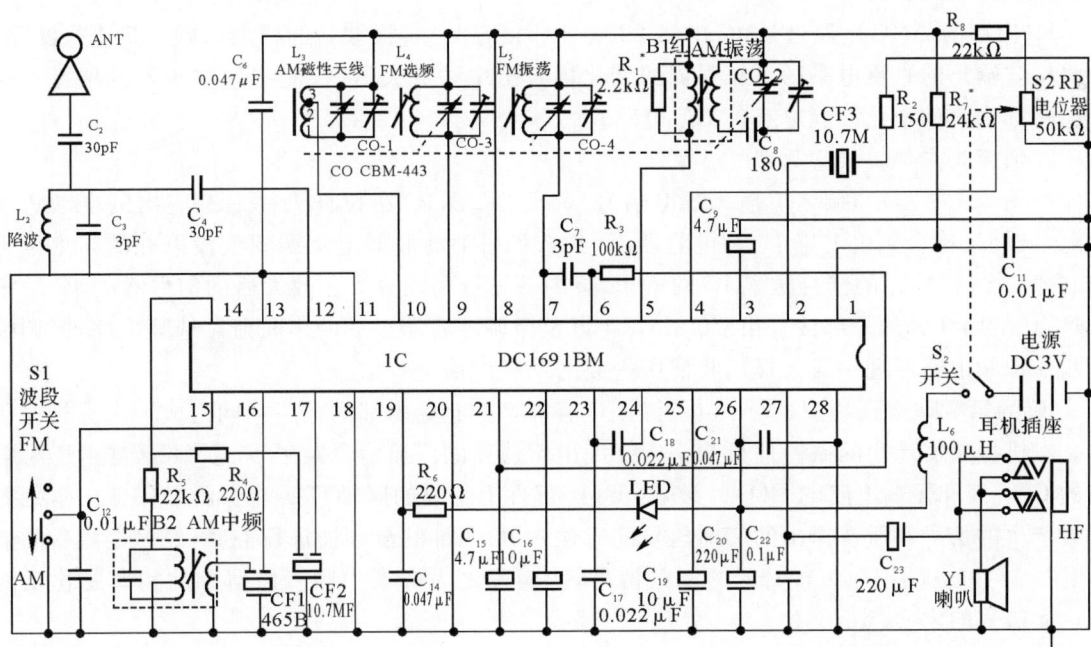

图 4.1.7　S205—2T 收音机 AM 波段接收电路原理图

通过输入选频电路选择出来的电台信号经过天线线圈 L_3 的次级耦合送入 IC 的第 10 脚内部,IC 的内部的本振电路和 IC 第 5 脚所接的变压器 B_1、可变电容器 $CO-2$、微调电容器、电阻 R_1 以及固定电容器 C_8 组成的正弦信号振荡器称为本机振荡器,这个振荡器所产生的本机振荡信号比外部的无线电广播信号频率高出 465kHz。本机振荡信号和送入 IC 第 10 脚的经过高频放大的广播信号在 IC 内部的混频器中进行混频。混频器相当于一个频率减法器,它输出的信号频率是本机振荡信号和广播信号两个信号频率的差频 465kHz,其信号的包络线反映了广播信号的变化规律。这个信号称为中频信号,它仍然是调幅波,只是频率有所降低。为了保证无论选择什么频率的广播电台信号,都可以使混频器的输出频率为 465kHz,$CO-1$,$CO-2$ 选用了同轴可变电容器。当调整选频电路的 $CO-1$ 的容量使选频电路谐振频率改变时,由于 $CO-1$ 和 $CO-2$ 组装在一个轴上,因此 $CO-2$ 的容量同时产生变化,也就使得本机振荡频率产生了变化,从而保证了无论选择哪一个频率的广播电台,混频器的输出信号频率均为 465kHz。

混频输出的中频信号从 IC 的第 14 脚输出,通过 R_5、中频变压器 B_2(内封一个电容)、陶瓷滤波器 CF_1 进行中频选频后送入 IC 的第 16 脚。如图 4.1.4 所示,IC 的第 16 脚内部接有调幅中频放大器、检波以及自动增益控制电路(AGC 电路),通过这些电路对信号进行中频放大、检波以及对中频放大电路的增益进行控制。检波输出的音频信号由 IC 第 23 脚输出,经 C_{18} 耦合至 IC 的第 24 脚,送入 IC 内部的音频功率放大器进行功率放大后由 IC 的第 27 脚输出经 C_{23} 耦合到扬声器产生电台广播声音。IC 的第 4 脚接 RP 电位器的活动端子,电位器的固定端一端通过固定电阻 R_8 接在 IC 的第 8 脚给定的标准电压上,另一端接地。改变活动端子在电位器上的位置变化可以改变 IC 的第 4 脚对地的电压,从而控制了 IC 内部功率放大器的放大倍数,改变声音的大小。

IC 内部的 AGC 电路通过 IC 的第 22 脚外部接有 C_{16} 将检波后的残余高频分量进行滤除,只将检波输出的直流电平随信号强弱的变化耦合给中频放大器,控制中频放大器的增益。这个电路称为自动增益控制电路(AGC 电路)。

2.调频波广播的接收原理

如图 4.1.7 所示,调频广播无线电信号(64~108MHz)在拉杆天线上感应出的电动势经过电容器 C_2 耦合到由电感 L_2 和电容器 C_3 组成的带通滤波器上将调频波段以外的频率信号抑制掉,再通过 C_4 的耦合送入 IC 的第 12 脚内部进行高频放大。放大后的信号送到 IC 的第 9 脚,IC 的第 9 脚的外部接有由 $CO-3$,L4 以及微调电容器组成的串联谐振选频电路,同调幅接收的选频电路原理一样选择出我们所需要的调频广播电台信号。

IC 的第 7 脚接有 L_5,$CO-4$ 以及微调电容器,它与 IC 内部的电路共同组成一个本机振荡器。本机振荡器产生的振荡信号频率始终高出所选择的广播信号频率 10.7MHz,这由选频电路的 $CO-3$ 和振荡电路的 $CO-4$ 装在同一个部件上组成的同轴可变电容器来保证。本机振荡器产生的信号和所选择出的广播信号同时送入 IC 内部的混频器进行混频,经过混频后的信号是一个中心频率为 10.7MHz 的调频信号,我们称之为调频中频。该信号的频率变化反映了广播信号的内容。

调频中频信号由 IC 的第 14 脚输出经 R_4 送到陶瓷滤波器 CF_2 进行中频选频后送到 IC 的第 17 脚内部进行中频放大。在 IC 的第 2 脚外部接有陶瓷滤波器 CF_3 和 R_2,它和 IC 内部的电路构成了鉴频电路。该电路对从中频放大器送来的信号进行鉴频,从中分离出音频信号由 IC 的 23 脚输出,经过 C_{18} 的耦合送入 IC 的 24 脚内部进行功率放大,放大后的信号由 IC 的第 27 脚输出经 C_{23} 耦合到扬声器产生电台广播声音。

IC 的第 21 脚取出部分鉴频偏移信号由 C_{15} 滤波后经 R_3,C_7 进入 IC 的第 6、第 7 脚控制 FM 本机振荡频率,使它的振荡频率稳定。这一电路称为自动频率控制电路(AFC 电路)。

3.其他电路、元器件作用分析

如图 4.1.6 和 4.1.7 所示,IC 的第 1 脚内部为静噪电路,外部 R_7 给静噪电路提供偏量,其阻值大小影响静噪效果和整机增益。IC 的第 3 脚为功率放大器的负反馈电路,C_9 是负反馈电容。IC 的第 8 脚内部是一个标准电源,电压是 1.3V。它除了给音量电位器提供标准电压外还给 IC 内部的部分电路提供一个基准源,同时它也是 AM,FM 频段的高频交流地端。IC 的第 13 脚为 AM,FM 频段的高频交流信号接地端。IC 的第 19 脚内部为调谐指示电路,该电路在广播频率调谐正确时会使 IC 的第 19 脚电位降低,使 IC 的外部接着的发光二极管 LED 发光,R_6 是调谐指示限流电阻。C_6 为高频退耦电容,防止高频信号干扰电路。C_{17},C_{22} 为中频旁路电容,防止中频信号干扰电路。C_{19},C_{20},C_{21} 为电源滤波电容,防止电源干扰电路,C_{20} 可防止电池稍旧就出现哨叫声、汽船声、失真或杂声。

四、收音机信号流程图的绘制训练

1.训练目的

掌握电子产品信号流程图的绘制方法,熟悉 S205 — 2T 收音机电路原理,加深对 S205 — 2T 收音机的电路原理结构的理解。

2.题目

分别绘制出 S205 — 2T 收音机 AM 波段和 FM 波段接收电路的信号流程图。

3.绘制方法

(1)参照图 4.1.4、图 4.1.5、图 4.1.6 和图 4.1.7,熟悉 S205 — 2T 收音机 AM 波段和 FM 波段接收电路原理图和电路框图,了解 CXAl691BM 集成电路引脚的功能及内部电路方框图,充分理解 S205 — 2T 收音机的电路原理图。

(2)沿着信号传递的方向,将途经的单元电路绘制出来。集成电路内电路以方框图形式绘制。集成电路外的电路以电路原理图形式绘制,即要求画出元器件图形符号、文字符号及元器件间电路连接线,然后适当调整元件的位置以使图面清晰,元器件间连线较短。各单元电路间用带箭头的线连接。

(3)注意将四联电容上的连接虚线画出,以表示其上可调电容的联动特性。注意在集成电路内的电路和集成电路外的电路之间的连接箭头上标出集成电路的输入或输出管脚号。

第 2 节　S205 — 2T 收音机贴装元件的回流焊接

S205 — 2T 收音机的元器件由表面安装元器件和传统的通孔元器件两部分组成。在实训的过程中,表面安装元器件(贴装元件)的焊接用回流焊机来完成,通孔插装元件(插装元件)用手工焊接的方法来完成。本节要求认识表面安装元器件,了解回流焊接所用设备,掌握回流焊接的工艺技术。

回流焊接又称再流焊接。它是先将焊料加工成一定粒度的粉末,加上适当液态黏合剂、助焊剂,使之成为具有一定流动性的糊状焊膏,用它将待焊元件黏在印制电路板上,然后加热使焊膏中的焊料熔化而再次流动,从而将元器件焊接到印制电路板上的焊接组装技术。以回流焊机进行焊接的组装技术又叫表面安装技术,英文缩写为 SMT,表面安装元器件又称为贴片件。作为新一代安装技术,SMT 技术目前已迈入大范围工业应用的旺盛期。

一、领取、清点和识别表面安装元器件

如表 4.2.1 所列,S205 — 2T 收音机的表面安装元件包括 12 个贴片电容、5 个贴片电阻、1 个 CXAl691 集成电路。电容器以及电阻器的封装外形尺寸规格为英制 0805(公制 2012)。0805 封装长 2 mm,宽 1.25 mm,厚 0.6 mm,因此贴片电容和电阻体积小容易丢失,要注意保管好,集成电路封装为 DFP(双列扁平式封装)。

表 4.2.1　S205 — 2T 收音机的表面安装元器件封装外形

封装外形								
名称	贴片电阻			贴片电容				集成电路
封装	0805			0805				DFP
件号阻/容值数量包装颜色	R_2 R_4,R_6 R_5,R_8	150Ω 220Ω $2.2k\Omega$	1 只 2 只 2 只	C_2,C_4 C_3,C_7 C_8 C_{11},C_{12} C_{17},C_{18} C_{14},C_{21} C_{22}	30pF 3pF 180pF $0.01\mu F$ $0.022\mu F$ $0.047\mu F$ $0.1\mu F$	2 只 2 只 1 只 2 只 2 只 2 只 1 只	红 橙 黄 蓝 黑 绿 紫	CXAl691BM

如图 4.2.1 所示的包装纸带里黑色部分里放的就是贴片电阻或电容,纸带包装又缠绕在如图4.2.2所示的塑料圆盘上,以便于整机厂家进行自动化装贴。在塑料圆盘的外部贴有元器件的相关参数,如容量、误差、尺寸规格号等。由于电容元件的表面没有任何标识,因而若包装纸带脱离了塑料圆盘,就只有通过测量来判断元件的参数。在实训的过程中,为了方便起见,贴片电容的外包装上涂有不同的颜色以对容量进行区分。

图 4.2.1　贴片元件包装纸带　　　　　　图 4.2.2　贴片元件纸带包装塑料盘

领到表面安装元件后不要急于打开包装,以免元件混在一起无法区分开来。先清点元件的包装颜色(应有 7 种),它们不应该有重色、缺色,如果有重色、缺色现象就说明元件领取的不对,应该予以调换。其中红色、橙色、蓝色、绿色、黑色包装里各有 2 个电容器,黄色、紫色包装里各有 1 个电容器。没有颜色包装的器件是电阻器,它们分别是 220Ω 和 $2.2k\Omega$ 的电阻器,一个包装里各有 2 个,剩下的单独包装的是一个 150Ω 的电阻器。领到集成电路后不要将集成电路的管脚弄变形,以免回流焊时管脚焊不住。

领到印刷电路板后检查板子上的所有焊盘(包括手工焊接的圆形焊盘)是否都镀上了锡,有无发黄氧化现象,否则予以更换。

二、在印制板上印刷焊膏

焊膏的成分和手工焊接所用的焊料基本上是一样的,所不同的只是将 37% 铅金属和 63% 锡金属研磨成一定大小颗粒的粉末,混合在一起,再加入助焊剂、黏合剂等成分成为一种具有一定黏稠度的膏状物质。使用前应将焊膏从冷藏箱取出放置 $2\sim4h$。

印刷焊膏所使用的设备是 Creat—MSP500 手动丝印台,如图 4.2.3 所示。手动丝印台主要由带蚀刻镂孔的不锈钢模板、可移动平台、左/右调节旋钮、前后调节旋钮、平衡砣等组成。

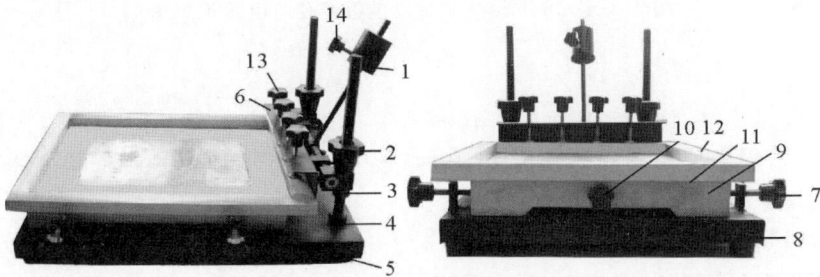

图 4.2.3　Creat — MSP500 手动丝印台

1—平衡砣;　2—模板支架紧固栓;　3—高度调整螺母;　4—固定螺母;　5—固定螺母;　6—模板支架
7—平台左/右调节旋钮;　8—底座;　9—可移动平台;　10—平台前/后调节旋钮;　11—木制托板(移动平台上面)
12—模板;　13—模板紧固螺母;　14—立柱

图 4.2.4　揭开模板

图 4.2.5　放板

1. 手动丝印台的调整

如图 4.2.4 所示,揭开模板。如图 4.2.5 所示,将印制板放在印台的可移动平台上的定位卡槽里。如图 4.2.6 所示,轻轻地放下模板并且将模板压实,仔细观察印制板上需要漏印焊膏的每一个焊盘是否准确地和模板的每一个镂孔对上，有没有上、下、左、右偏移现象。如果对得不准确，可以旋转移动平台周边的"平台左/右调节旋钮"和"平台前后调节旋钮"来调整平台和模板的相对位置，直到印制板上的每个焊盘都进入模板的每个孔而周围没有绿边为止。注意：调整移动平台的左右相对位置时，应先将对边的螺丝通过"平台左调节旋钮"或"平台右调节旋钮"松开一些再调整，同样在调整移动平台的前后相对位置时也应将一边的螺丝松开一些再调整平台前后位置。

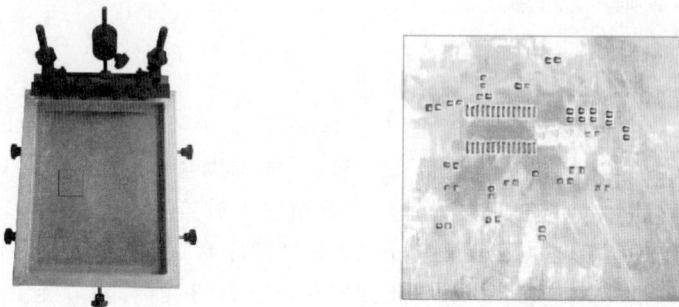

图 4.2.6 放下模板并对位模板镂孔与电路板焊盘

2.印刷焊膏

印刷焊膏的过程是：使用刮板推动焊膏向前滚动，遇到模板镂孔时焊膏流入镂孔内，当模板离开电路板时，焊膏被转移到与其接触的电路板上。由于焊膏是一种膏状流体，因而印刷过程遵循流体力学原理。

操作：先用搅拌棒搅拌焊膏后待用，如图 4.2.7 所示将焊膏均匀堆积在模板上方空白处，用一只手将模板框压实在电路板上，另一只手的拇指放在刮板的下边，其余四指放在刮板的上边，让刮板以 45°～60° 的角度将焊膏缓慢地刮过模板所有的焊盘镂孔，如果镂孔处没有焊膏，可沿同方向补刮一次。印刷焊膏手要稳，速度不宜过快，速度应保持在 0.1～0.2m/s。速度过快会使得焊膏来不及流入模板的孔内，焊膏不饱满。角度过小时，造成刮板对模板的垂直压力太大，焊膏不能形成滚动运动而被挤入模板镂孔附近，使间距比较小的焊盘焊膏产生黏结。

图 4.2.7 印刷焊膏

图 4.2.8 取板

焊膏印好后一只手将焊膏刮板放在模板框的上边沿，抬起模板，取出印制板，如图 4.2.8 所示。在印刷焊膏的过程中，要经常擦拭模板的底面，使其保持清洁，否则间距比较小的焊盘焊膏很容易产生黏结。

3.印刷焊膏质量检查与返修

检查焊膏印刷质量，如图 4.2.9 所示，焊膏应均匀漏印在元器件的焊盘上，焊膏平整、与焊盘对位准确、无明显黏结,无明显塌陷、无缺失和散花。焊膏厚度为 1/2~1 倍元件焊端的高度。焊膏之间的黏结,是因为漏下去的焊膏会超出电路板焊盘的边沿,当焊盘的间距较小时,焊膏之间就会黏结,黏结严重时,经过回流焊接后可能发生桥接。

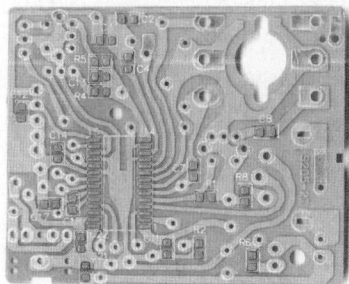

图 4.2.9　印刷焊膏后电路板图

对于个别焊盘漏印的情况可以用牙签挑少量焊膏予以补充,对于黏结严重的情况,必须将印制板上的焊膏清理掉,用酒精擦干净,重新印刷。

三、贴装贴片件

在国内先进的大型电子产品制造企业,生产线上的产品都是大批量生产的,因此都采用 SMT 自动化装贴设备,而一般企业常采用半自动化设备或手工贴装。实训提供两种贴装方式:一种采用真空吸笔贴装;另一种采用尖镊子进行贴装。

1. 贴装流水线

贴装流水线有自动桌面式装配线、自动皮带贴装线和手工贴装线。如图 4.2.10 所示为手动贴装线。它由照明灯、工艺图、真空吸笔、电源插座、电线槽板、操作平台等组成。

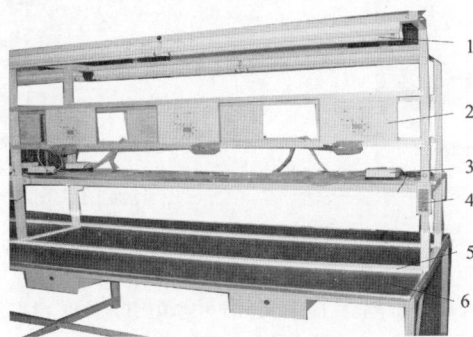

图 4.2.10　手工贴装线

1—照明灯;　2—工艺图;　3—真空吸笔;　4—电源插座;　5—电线槽板;　6—操作平台

图 4.2.10 中所示工作台面上放有一条白色电线槽板,槽板用来避免贴放过程中因为手臂悬空产生颤抖,导致元件贴放位置的偏移和手腕不小心接触焊盘上的焊膏造成焊膏塌陷、缺失和散花。

2. 贴装位置和方向

图 4.2.11 所示的手工贴装线上有电路板工艺图纸,某种颜色包装的贴片电容的安装位置应为工艺图纸指示的相同颜色的位置,应对色入座。在贴放贴片电容的过程中要注意不要将所有的包装都一次打开,以免元件混在一起分不清颜色,造成元件规格分不清楚。相同的颜色的元件可以一次打开,逐个贴放,不同颜色的元件只能打开一只贴放一只。贴片电阻的安装位置看其所标文字符号 R_4,R_5,R_6 或相应阻值(220Ω,$2.2k\Omega$,220Ω)的位置,放置时应将有标注的一面(黑面)朝上。CXA1691 集成电路实物

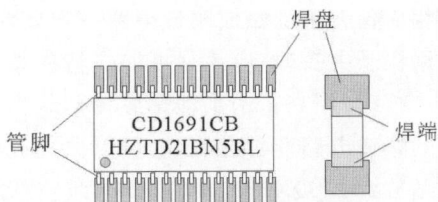

图 4.2.11　贴片元器件的贴装位置

封装上的白点或小圆坑附近封装边沿的脚为管脚 1,应与工艺图纸标 1 的位置对上,管脚 14 应与工艺图纸标 14 的位置对上。

如图 4.2.11 所示贴片元器件贴装位置要尽量准确,贴片电阻和贴片电容两个焊端要在电路板相应两个焊盘上,集成电路 CXAl691 管脚要在电路板相应的焊盘上,它们都要求上下左右居中放置,特别是集成电路。

3. 贴装

贴装的具体操作如下:撕开一个贴片电阻或贴片电容包装上的塑料薄膜露出元件,或拿出集成块,按以上所述位置和方向进行贴装。贴片电阻或电容用真空吸笔或尖镊子进行装贴,集成电路用尖镊子或高精密贴放台和防静电真空吸笔组合设备进行贴装。

(1)用真空吸笔贴装贴片电阻和贴片电容。如图 4.2.12 所示为 Create — VAP 真空吸笔,主要用来吸取贴片电阻、电容。它由吸盘、针嘴、吸笔气流选择装置组成,可根据元件大小来选择气流大小。

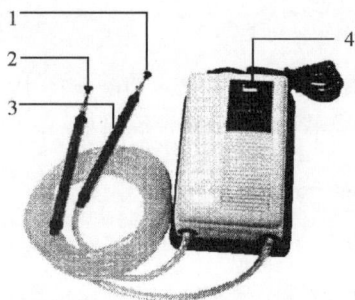

图 4.2.12 Create — VAP 真空吸笔
1—吸盘; 2—针嘴; 3—吸笔; 4—气流选择

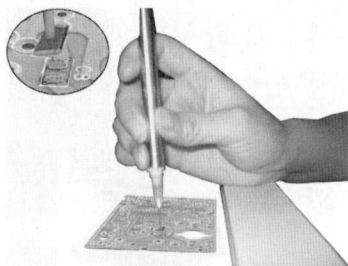

图 4.2.13 真空吸笔贴装贴片元件

如图 4.2.13 所示,将槽板放在离工作台边沿 20cm 的位置,电路板放在槽板的前方,用拇指、食指、无名指呈三角形夹持住吸笔的笔杆,用中指轻轻地堵住真空吸笔笔杆上的小气孔。真空泵接通电源后,空气就会从笔杆上的针头吸入,在针头处形成空气负压。利用这种负压吸起贴片电阻或贴片电容,将手腕放在槽板上增加稳定性,再移动放置到工艺图指示的电路板相应位置上,松开中指使元件准确贴放于该位置之上。若用堵住小气孔的真空吸笔吸取贴片元件,要调整气流选择装置使焊膏对元件的吸力略大于吸嘴对元件的吸力,然后用吸笔吸起贴片元件直接放置到相应的焊盘位置上。贴放的过程中,吸笔的针头不要接触焊锡膏以免将焊锡膏吸入针头引起堵塞。

(2)用镊子贴装贴片元件。镊子贴装贴片元件,如图 4.2.14 和图 4.2.15 所示,用镊子夹持贴片电阻、贴片电容或集成电路,将手腕放在槽板上,再移动放置于工艺图纸指示的电路板相应位置上。贴放集成电路一定要注意方向,引脚的编号一定要和电路板上的焊盘编号一致。用镊子夹持时,应该尽可能夹持住集成电路长度方向没有引脚的侧面。

(3)用高精密手动贴放台贴装集成电路 CXAl691。高精密手动贴放台对于贴放管脚较多的集成电路非常有利,它可以提高元件贴放的准确性。如图 4.2.16 所示为 QTP503 高精密贴放台和 QXB8203 防静电真空吸笔的组合设备,QXB8203 防静电真空吸笔针头插在 QTP503 高精密贴放台升降机构的旋转轴上,如果吸力不够,可在针头底部套上吸盘。

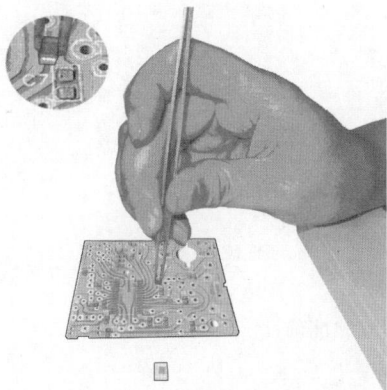

图 4.2.14　用镊子贴装贴片电容　　　　　图 4.2.15　用镊子贴装集成电路

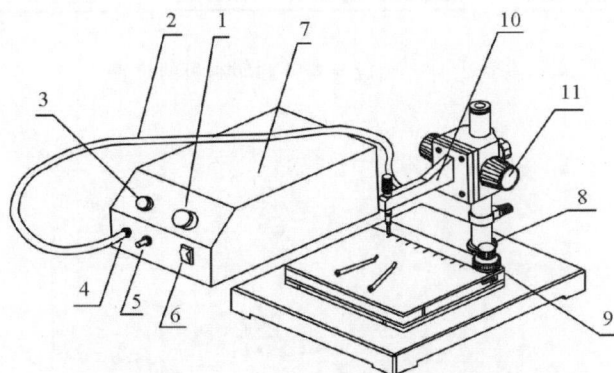

图 4.2.16　QXB8203 防静电真空吸笔和 QTP503 高精密贴放台

1—吸力调节；　2—气管；　3—电磁释放按钮；　4—气嘴1；　5—气嘴2；　6—电源开关；　7—QXB8203 防静电真空吸笔
8—Y 方向调节旋钮；　9—X 方向调节旋钮；　10—贴片头(含格林头)；　11—升降旋钮

装贴 CXAl691 集成电路操作如下：

用笔头吸取集成电路,将所须贴装的电路板放置在 X-Y 平台上,然后旋转"X 方向调节旋钮""Y 方向调节旋钮"进行集成电路 X,Y 方向位置调节,或旋转笔头进行集成电路的旋转,使集成电路的管脚准确对位与焊盘,旋转升降旋钮,将集成电路缓慢下降,在接近电路板焊盘时,按下"电磁释放按钮",同时旋转"升降旋钮",升起升降机构,这样集成电路就准确贴放于相应的电路板焊盘上。

贴片元件准确放到相应的位置后,都要用镊子稍稍用力朝贴片元件中心位置点一下,使贴片元件与电路板贴到位。

4. 自检贴装质量并修复

(1)检查贴装的贴片元件位置的准确性。如图 4.2.17(a)所示,贴放的贴片元件位置要准确,不能产生如图 4.2.17(b)所示的横向移位、纵向移位和旋转移位。贴片元件贴放的位置不是很准确时,不能在电路板上直接上、下、左、右平移,而应将贴片元件垂直夹起后重新贴放。

(2)检查贴装的贴片元件和印制板的位置。贴片元件应和印制板紧贴住,不应架空。如图 4.2.18 所示,贴片元件架空时,可用镊子稍稍用力朝贴片元件中心位置点一下,使贴片元件与电路板贴到位。

贴装完贴片元件的电路板如图 4.2.19 所示。

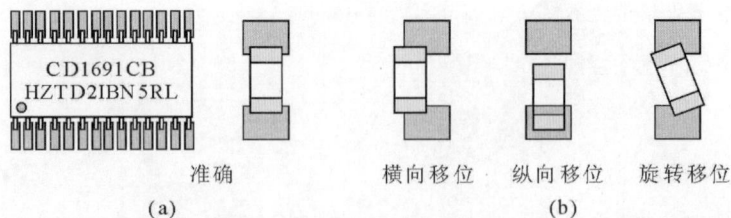

准确　　　　横向移位　纵向移位　旋转移位

(a)　　　　　　　　　　(b)

图 4.2.17　贴片元器件贴装的准确性

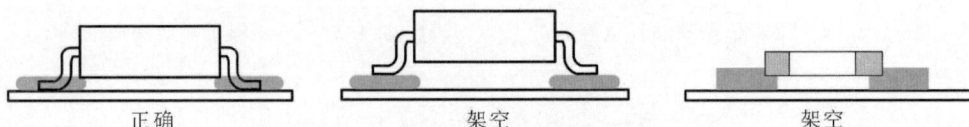

正确　　　　　　　架空　　　　　　　架空

图 4.2.18　贴放元器件和印制板的位置

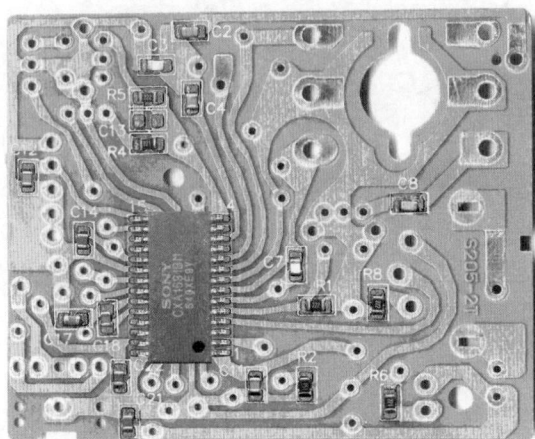

图 4.2.19　贴装完贴片元件的电路板

四、回流焊接

1.回流焊机及温度区域

表面安装元件一般采用回流焊接,少量电路板也可以用手工热风设备加热焊接。回流焊接的设备主要有两种。一种是台式回流焊机,它的体积较小,适合于实验室、科研场所以及小批量生产。回流焊设备由加热装置、测温装置、单片机控制电路、托盘及壳体组成。使用时,电路板放置在回流焊机内某一固定位置上,由单片机控制温度、时间,按照 7 个温度区域的梯度规律调节、控制温度的变化,其温度是时间的函数。另一种是链式回流焊机,它的体积比较大,适于大批量生产。使用时,电路板沿着传送系统的运行方向,让电路板顺序通过隧道式炉内的 7 个温度区域,其温度是位置的函数。

如图 4.2.20 所示为 QHL320 台式回流焊机温区图,它有升温区、保温区、焊接区和冷却区四个最基本的温度区域。它采用红外加热与热风循环结合方式。温度均匀、上下温差易控制。采用 20 段可编程编码进行温度曲线拟合，每个段需要的时间和温度都可以根据电路板的材质、焊接对象、焊膏的熔点温度进行调整，控温准确。焊接区最佳温度必须大于焊膏的熔点温度 20℃ 以上。注意 QHL320 型台式回流焊机已提前由老师调试通过，学生未经老师允许不准进行调试。

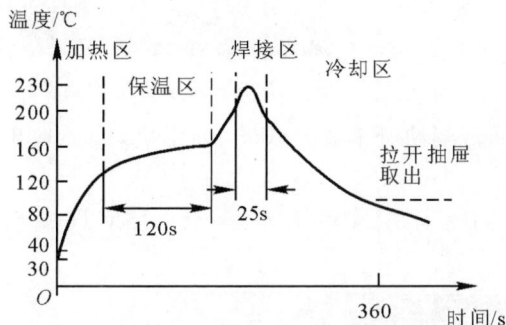

图 4.2.20　QHL320 台式回流焊机温区图

图 4.2.21　放置电路板图

2. 回流焊机的操作

回流焊接训练中提供了 QHL320 型和 Creat—SMT500 型两种台式回流焊机。

(1)QHL320 回流焊机的操作。

1)所有元件贴放完毕后就可以送入回流焊机内进行焊接了。如图 4.2.21 所示，将贴好元件的电路板水平居中放置于不锈钢托架上，不得超过 320mm×220mm 的范围，将托架放入到回流焊机的抽屉中。要注意的是由于焊膏的黏度较低，贴放完元件的板子在向回流焊机运送的过程中只能水平放置移动，不能侧立，以免元件从板子上掉落下来。

2)如图 4.2.22 所示，关上回流焊机的抽屉并按下"运行/停止"按钮，运行灯亮，加热灯亮，回流焊机开始启动加温，"温度/段码"编号窗口上交替显示出温度段以及该温度段的温度，下排"计数/参数"设置窗口显示该段温度所需要的时间。

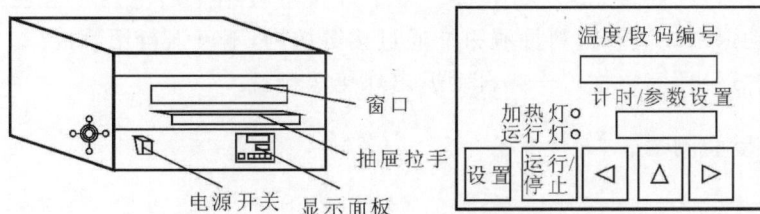

图 4.2.22　QHL320 回流焊机及操作面板

当 QHL320 回流焊机运行时，可以通过透明视窗观看贴片元件焊接的整个过程。当温度上升到保温区时，通过透明视窗可以看到：焊膏中溶剂和抗氧化剂逐渐挥发成烟气排出，助焊剂湿润焊接对象(焊盘、元器件引脚和焊端)，焊膏软化塌落覆盖了焊盘和元器件的引脚，焊膏逐渐熔化成为液态焊锡，颜色由灰色逐渐转变成银白色，对 PCB 的焊盘、元器件引脚和焊端进行湿润、扩散、漫流、混合。焊膏彻底熔化液体的瞬间，还可以看到个别元件会产生移位；贴得有点不端正的元件会自动复位到正确的位置；贴的元件和焊盘位置相差较远的元件会偏离焊盘甚至一端跳起产生直立。一端跳起产生直立这种焊接缺陷叫立碑现象,这主要是因为焊膏转化成液体后,它的表面有一定的液体张力,当元件所受到的两个焊盘上的张力不相等时,就会向张力大的方向移动,从而造成了上述现象。回流焊机在焊接温度保持一段时间后,开始降温至80℃左右,液态焊锡回流、凝固,形成焊锡接点,完成整个回流焊接,这时蜂鸣器响起,焊接过程结束。拉出回流焊机的抽屉,戴上棉手套取出含有电路板的托架,如图4.2.23所示,然后从托架上取出电路板。操作时一定要注意,回流焊机还有70~80℃的温度,因此取出电路板的时候一定要有防护措施,以免引起烫伤。

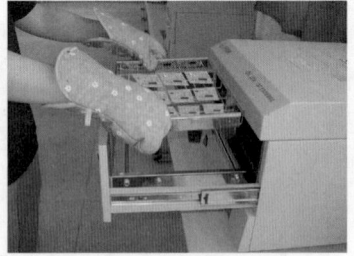

图4.2.23 戴手套防护状态图

(2)Creat—SMT500台式回流焊机的操作。如图4.2.24所示为Creat—SMT500台式回流焊机及操作面板。

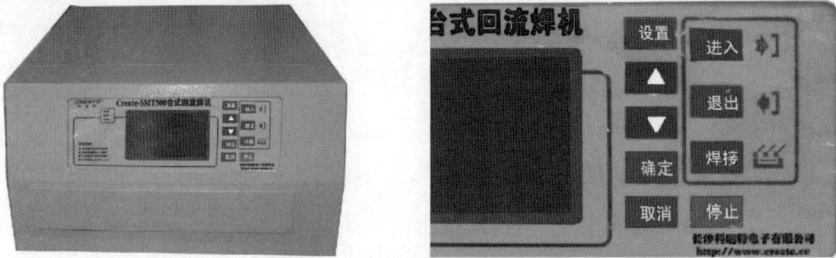

图4.2.24 Creat—SMT500台式回流焊机及操作面板图

1)调试。按"设置"键,再按"向下"键,光标指向常规焊接或曲线焊接。若指向曲线焊接,再按"确定"键进入温度控制曲线选择,按"向上"键或"向下"键选择需要的控制温度曲线1~4,按"确定"键。

2)操作。按"退出"键打开送料盘,将待焊的电路板放置在焊接送料盘中心,按"进入"键送料盘进入焊接工位,按"焊接"键开始焊接。整个焊接过程结束后电路板温度降至70℃以下时,送料盘将自动退出。注意送料抽屉只能通过按键控制,不可强行用手推拉。正在焊接过程中如须中止可按"退出"键中止工作并自动退出焊接送料盘。

五、清洗、检验和测试

1.清洗

电路板焊接后,其表面会留有各种残留污物,为了防止由于腐蚀而引起的电路失效必须进行清洗。收音机电路板由于采用了免清洗焊膏,因而回流焊接后可以不进行清洗。

2.外观检验

回流焊接后电路板如图4.2.25所示,使用放大灯对其进行外观检验,如图4.2.26所示。外观检验有以下项目:

(1)检查元器件有无贴装错误。如集成电路的方向,R_4,R_5,R_6的位置有没有装错。

(2)检查焊点缺陷。常见焊点缺陷如下:

1)移位:要求如图4.2.27所示,贴片电阻和贴片电容产生的横向移位和旋转移位应保证焊端 75% 以上在焊盘上,纵向移位不应脱离焊端。如图 4.2.28 所示,集成电路的引脚必须在印制板的焊盘上,不应发生错位。

图 4.2.25　回流焊接后电路板

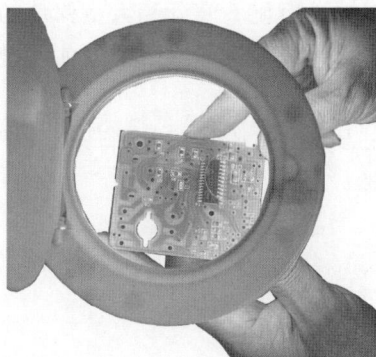

图 4.2.26　放大灯检验电路板图

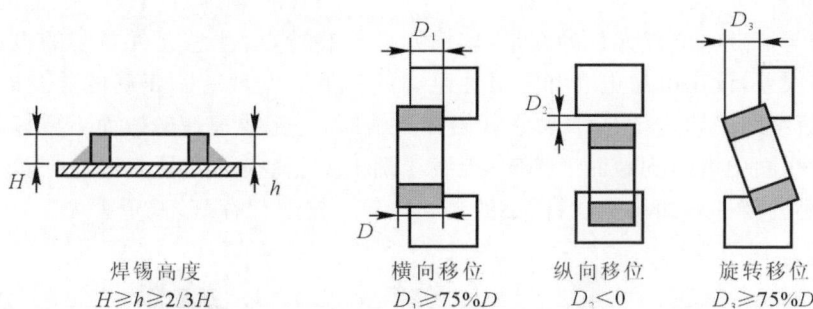

焊锡高度
$H \geqslant h \geqslant 2/3H$

横向移位
$D_1 \geqslant 75\%D$

纵向移位
$D_2 < 0$

旋转移位
$D_3 \geqslant 75\%D$

图 4.2.27　贴片电阻和电容质量检查图

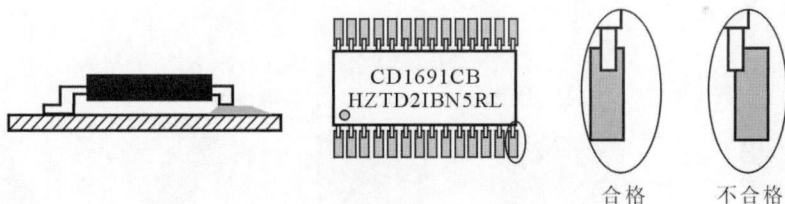

CD1691CB
HZTD2IBN5RL

合格　　不合格

图 4.2.28　集成电路的质量检查图

2)锡少:如图 4.2.27 所示,电阻和电容焊锡高度应小于等于焊端高度且大于等于焊端高度的 2/3。如图 4.2.28 所示,集成电路焊锡高度稍大于等于管脚厚度。锡少易造成焊点强度不够。

3)锡珠:由于焊接时振动或焊剂中水分迸发在印制板上贴片元件周围形成很小的颗粒状锡珠。

4)桥接:集成电路的两个或两个以上引脚易被焊料连接在一起形成桥接,造成短路。

5)立碑(竖碑):回流焊接时,由于元件两端受力不均造成一端翘起形成立碑缺陷。

6)焊膏熔化不充分:由于焊接温度不够造成焊膏熔化不充分,焊点颜色发灰、不光亮和质软。

7)脱焊:由于焊接部位可焊性差或焊膏与焊接部位接触不好造成焊膏熔化后与焊接部位

脱离。

(3)检查电路板表面颜色是否改变和起泡。

发现焊膏熔化不充分和大量锡珠的缺陷或电路板表面颜色改变和起泡的现象,要及时检查焊膏质量并对回流焊机的温度曲线进行修正。

3.测试

可用万用表电阻挡对元器件进行在线检测,与正常电路板测试结果进行比对,找出有故障的电路板。

第3节　S205—2T收音机插装元件的装配

一、领取、清点和识别通孔插装元件

领到 S205—2T 收音机通孔插装元件后,对照图 4.3.1 所示和所发图纸上的元件清单目录表进行识别与清点。清点元件的数量,牢记元件封装特点,注意元件封装的极性,读出色环电阻的阻值和误差,读出电解电容和无极性电容的容值。发现有不正确的要及时进行更换或补发。注意:短路线 J_1、J_2 未发,拿取 AM 磁棒天线时,一定要捏住磁棒而不要捏住天线线圈,要防止磁棒从线圈中滑落到地面上摔碎;天线线圈 L_3 线径很细容易断线,在整理过程中一定要细心;一些小的零件例如小螺丝钉、小的塑料件等一定要保存好,避免丢失。

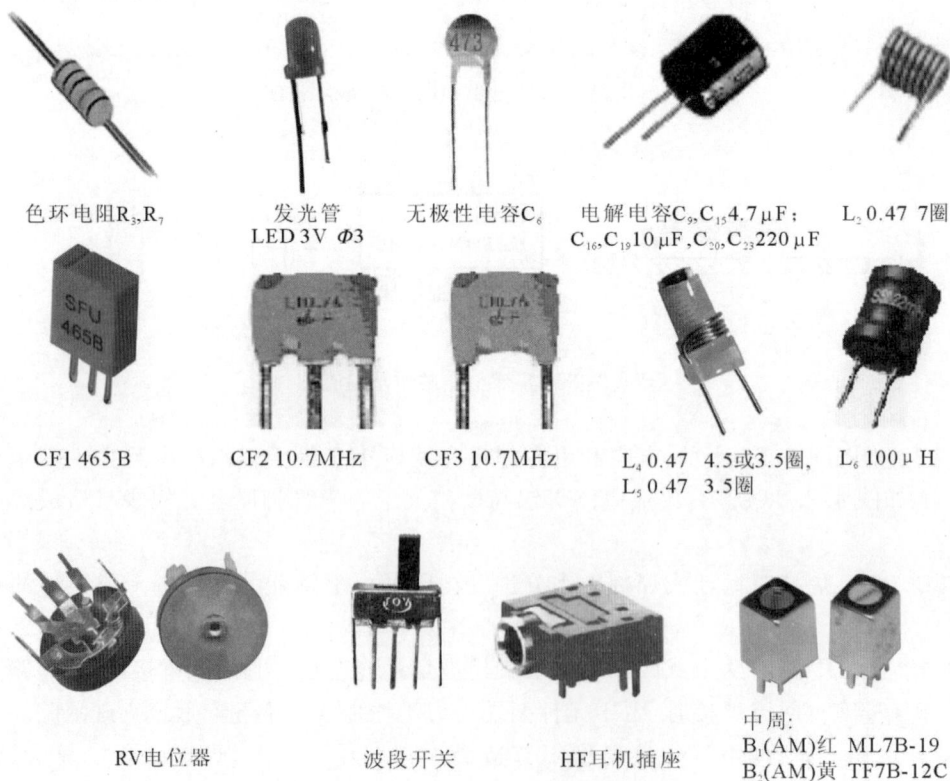

图 4.3.1　S205—2T 收音机通孔插装元件外形封装

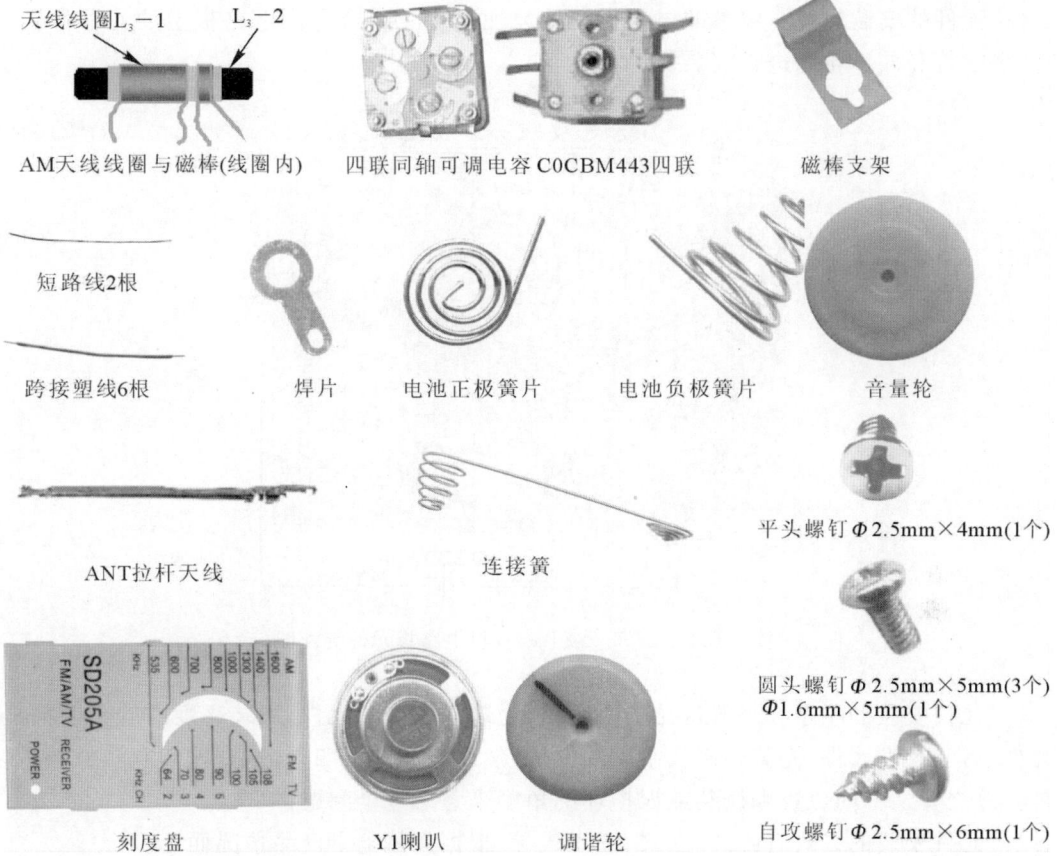

天线线圈L₃—1   L₃—2

AM天线线圈与磁棒(线圈内)   四联同轴可调电容 C0CBM443四联   磁棒支架

短路线2根

跨接塑线6根   焊片   电池正极簧片   电池负极簧片   音量轮

ANT拉杆天线   连接簧   平头螺钉Φ2.5mm×4mm(1个)

圆头螺钉Φ2.5mm×5mm(3个)
Φ1.6mm×5mm(1个)

刻度盘   Y1喇叭   调谐轮   自攻螺钉Φ2.5mm×6mm(1个)

续图 4.3.1 S205 —2T 收音机通孔插装元件外形封装

二、通孔插装元件的装配要求和注意事项

1. 单个元件装配工艺顺序

顺序:整形→插装→整形→焊接→剪线。

(1)整形要求。当元件的焊盘孔的间距大于元件封装引线的间距或安装方式要求整形时,要提前对元件进行整形再进行插装,以便元件能顺利装到电路板上并使高度降低。

当元件有固定脚并需要可靠固定时或者为了不影响跟它相连或在它附近元件的安装时,须在插装后再进行整形。例如,四联同轴可调电容装入电路板后,为防止高度过高影响跟它相连的调谐轮的转动,将宽片管脚折 90°使其紧贴着电路板。

(2)剪线要求。焊接完成后元件的多余引线要用斜口钳剪去,一般情况下只留从焊点顶部算起 0.5mm 的长度。一些影响转动件转动的引线要紧贴焊点剪线而且焊点不能过大。例如,四联电容器焊接面处要装调谐轮,当引线留得较高时,装配完成后可能会顶住调谐轮的塑料转轮,使得转动困难,因此在调谐轮塑料转轮直径范围内和靠近塑料转轮附近的引线都要尽可能地剪短。剪引线时可以焊一个元件即剪一个元件的引线,也可以焊几个元件后再剪。

2.元件的安装

(1)元件的安装位置。要参照电路板元件装配图4.3.2或印制电路板上的元器件图形符号、文字字符和外形轮廓进行安装。

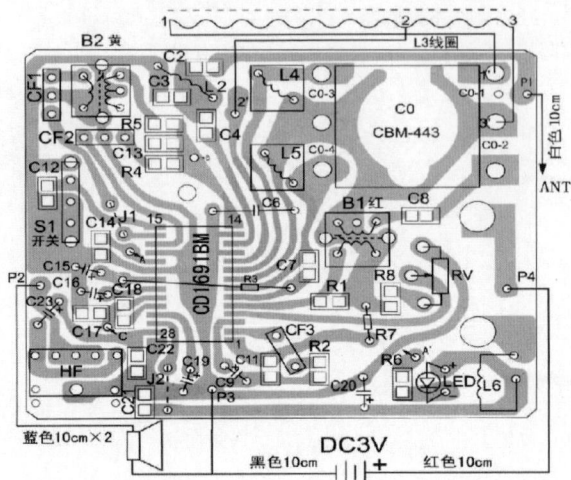

图 4.3.2　S205—2T 收音机电路板元件装配图

(2)元件安装的顺序。一般遵循的原则是:先装高度低的元件,后装高度高的元件;先装小型元件,后装大型元件;先装印制板中央的元件,然后向印制板四周辐射;先装非塑料件后装塑料件。总之要从空间位置和误装或误损坏的角度来考虑这个问题。

(3)元件安装的方式有卧式、立式、嵌入式等,根据具体电子产品情况而定。

(4)元件安装方向和高度要求。

1)有极性的元件如电解电容和发光二极管要按电路板上图形符号所标正、负进行装配,不能装错。

2)元件封装上所印标注装配完后要从外面容易看见以方便故障排除。

3)元件封装上所印标注要符合人们的阅读习惯如卧式安装,字头朝左或朝下。

4)元件安装高度要尽量低以减小干扰和提高元件的抗震性能,相同封装尺寸的元件安装高度基本一致。例如,S205—2T 收音机装配要求电容、L_6 封装距印制板0.5~2mm,晶振和陶瓷滤波器封装距印制板 0.5~1mm,其余元件底部必须接触电路板,装配到位。

3.注意事项

(1)焊接开始前一定要把塑料件收起来,以免烫坏。

(2)操作中防止磁棒掉到地上破碎。

(3)操作中动作要轻以防天线线圈 L_3 断线。

(4)装配 L_6 和电解电容时,要慢慢左右晃动朝下压装以防 L_6 内部线圈断裂或电解电容引线跟部损坏。

(5)操作中注意焊接温度和时间,防止塑料件受热过度造成变形或烫坏,可分二次进行焊接,中间间隔一段时间。

(6)注意元件安装次序、方式、位置、方向和极性,防止装错。特别注意磁棒支架、四联电容器的安装次序和方向,线圈 L_3 引出线的焊接位置。

(7)与总装有关的元件要装到位、水平或竖直,不能歪斜,如耳机插座、电位器、四联电容。

三、S205—2T 收音机通孔插装元件的装配工艺

本收音机的所有元件都应该在元件面装入,在焊接面进行焊接。

1. 对短路线 J_1,J_2,色环电阻 R_3,无极性电容 C_6,色环电阻 R_7,发光管 LED 的管脚进行整形

J_1,J_2 未发,可将两个电解电容的长引线的 2/3 剪下作为 2 根短路线。如图 4.3.3～4.3.7 所示,短路线 J_1,J_2,色环电阻 R_3 采用卧式安装方式,R_7,C_6 采用立式安装方式,发光管 LED 采用嵌入式安装方式。

如图 4.3.3 所示短路线 J_1,J_2 按电路板上的焊盘孔距用镊子分别折两个 90°弯;如图 4.3.4所示,先使色环电阻 R_3 数字环在左误差环在右,然后按电路板上的焊盘孔距用镊子分别折两个 90°弯;如图 4.3.5 所示,无极性电容 C_6 先将标注面向电路板外侧,然后将其中一个管脚距根部 2mm 外折一个 90°弯,再按其焊盘孔距折一个 90°弯;如图 4.3.6 所示,先使色环电阻 R_7 数字环在上方误差环在下方,然后距根部 2mm 外折第一个弯,最后按焊盘孔距折第二个弯;如图 4.3.7 所示,先按照电路板对好 LED 的极性,然后将两个管脚先距根部 3mm 的标记处一起折第一个弯,然后按孔距折第二个弯。

以上元件整形注意不要使元件引线的根部受力,以免损坏元件。元件整形完后,必须从电路板上取下来备用。

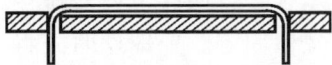

图 4.3.3　短路线安装图　　　图 4.3.4　色环电阻 R_3 安装图　　　图 4.3.5　无极性电容 C_6 安装图

2. 焊接短路线 J_1,J_2,色环电阻 R_3

J_1,J_2 要求如图 4.3.2 所示紧贴板面插装,要平直,要先焊接。R_3 采用卧式安装,如图 4.3.4所示将色环电阻紧贴板面安装,焊接前再仔细核对 R_3 色环,以防装错而损坏元件。

3. 焊接耳机插座,无极性电容 C_6,电感线圈 L_2,陶瓷滤波器 CF_2 和 CF_3

耳机插座管脚较多,应注意所有管脚是否都插入电路板露出焊接面;从其四周转着看耳机插座是否紧贴电路板,以免影响后面总装。焊接过程速度要快,对管脚不要施力,可分两次进行焊接,以免因为塑料件受热过度熔化造成管脚定位发生变化而损坏。

L_2 要求装配到位,紧贴电路板板面。无极性电容 C_6、陶瓷滤波器 CF_2,CF_3 要求封装距印制板 0.5～1 mm。CF_2,CF_3 上标注字朝外,以免 CF_2 上的标注字让 B_2 挡住。

4. 焊接发光管 LED,电解电容 C_9,C_{15},C_{16},C_{19},C_{20},C_{23},电感 L_6,晶振 CF_1,色环电阻 R_7

如图 4.3.7 所示,发光管 LED 采用嵌入式安装方式,安装时要注意极性,因为是塑料件,焊接时小心烫伤。

图 4.3.8 所示电解电容器是有极性的,安装时注意不要将极性装反,电解电容器的极性在其封装外壳上都有标注,要注意辨认。电解电容器和电感 L_6 安装高度要求封装距印制板 0.5～2mm,不可过高,装不低时可轻轻晃动使其装入,不要硬压,特别是 L_6 很容易损坏。

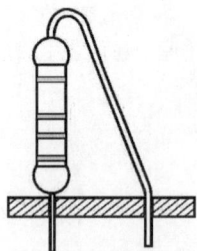

图 4.3.6　色环电阻 R_7 安装图　　　图 4.3.7　发光管 LED 安装图　　　图 4.3.8　电解电容安装图

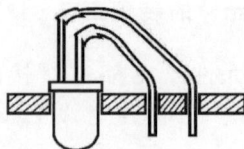

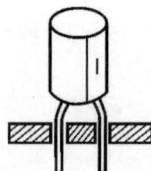

晶振 CF_1 求封装距印制板 0.5～1mm,其上标注字朝向电路板板外,不要让 B_2 挡住。

R_7 采用立式安装,焊前注意色环和高度。

5. 焊接电位器 RP,带磁芯的电感线圈 L_4, L_5,中周 B_1(红)和 B_2(黄)

这些都要求垂直电路板板面装配到位,使外壳紧贴板面,施加压力不要过大以防损坏。在焊接时焊接速度要快,因为这些器件的塑料部分很容易烫坏。

L_4, L_5 要求垂直电路板板面装配到位并沿电路板上所画封装外形框装端正不要歪斜。

要防止中周 B_1 和 B_2 位置装反,焊接前先给中周外壳的引脚上镀上锡,焊接中周外壳的引脚时因为外壳的散热面积比较大可适当延长加热时间。

6. 安装磁棒支架和四联可变电容器

如图 4.3.9 所示,安装步骤如下:①磁棒支架装入元件面异形大孔处,使支架方形框朝向元件面,磁棒支架孔与电路板异形大孔对位准确。②将四联可变电容器外壳上标注的 C_1, C_2, C_3, C_4 和电路板元件面上的 CO-1,CO-2,CO-3,CO-4 一一对应后,将其引脚插入焊盘孔内,几个引脚都不要贴着四联电容器的外壳以免焊接时烫坏电容器。③将四联电容器压住磁棒支架,磁棒支架紧贴电路板,用两个 $\phi 2.5mm \times 5mm$ 的半圆头螺丝固定。上螺丝时先将一个螺丝不要拧紧,另外一个螺钉拧上后再将两个螺钉同时拧紧。④在焊接面将两排引脚相向扳倒压平紧贴电路板。⑤进行焊接,焊接时间要能保证焊锡熔开,但不要试图用焊料将安装孔堵住。

(a)　　　　　　　　　　　　　(b)

图 4.3.9　磁棒支架和四联可变电容器安装图
(a)元件面;　(b)焊接面

7. 安装磁棒,焊接 L_3 磁棒天线线圈

如图 4.3.10 所示,将磁棒插入磁棒支架孔中,使整个磁棒处于电路板长度的中间部位,L_3 磁棒天线线圈出线的端面向电路板内侧且引出线均在元件面上,圈数少的线圈靠近磁棒支架。L_3 线圈有三条引出线,在整理时要细心,不要使线圈的根部受力,以免引出线从根部断掉。

引出线焊接位置要看图 4.3.2 和图 4.3.9(b)，L_3 磁棒天线线圈的引出线 1 (棕)，2(黑)，3(红)要分别穿过电路板元件面上的 $1'$，$2'$，$3'$ 孔，然后和电路板上焊接面的 $1'$，$2'$，$3'$ 焊盘分别对应焊接，如线圈多的一端应接四联可变电容器的 C_1 附近管脚。注意：线圈是由丝(漆)包线绕制成的，外部有一层丝(漆)是绝缘的，头部已经过镀锡处理，焊接时必须在线圈头部镀过锡的部分进行焊接，否则线圈不导通。镀过锡的焊头部分如果过长易和其他部位造成短路，可适当来回折一下再焊。引出线不可在磁棒上缠绕，焊好后的线圈在磁棒上应可移动较大的距离以便调试时进行统调。如果线圈引

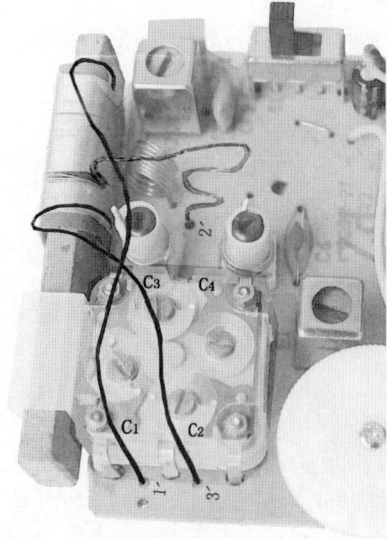

图 4.3.10　磁棒和 L_3 磁棒天线线圈安装图

线断了，必须清理掉丝(漆)包线外部的丝(漆)层才能进行焊接，否则，丝(漆)包线的绝缘作用将使得电路不通。

8.焊接跨接塑线 $A—A'$，焊接波段开关 S_1

首先选取比较短的塑线作为 $A—A'$ 跨接塑线，将两头分别安装在印制板上的 A 和 A' 孔内进行焊接。

焊接波段开关 S_1 时，焊接速度要快，以免烫坏波段开关。

9.焊接拉杆天线引出塑线 P_1，喇叭引出塑线 P_2，P_3，电池正负极簧片引出塑线 P_4，P_3

这几根线一个端头焊接在印制板上的，另外一个端头要焊接在印制板以外的元器件上，为了便于安装和检查，应该选用比较长的塑线，正负电池簧片引出塑线 P_4，P_3 引出塑线应该分别用红、黑两种颜色的塑线区分所接电池的正负极。从装配图 4.3.2 中可看到 P_3 焊盘有连接喇叭的 P_3 和电池负极的 P_3 两根线，这两根线同时焊接在 P_3 焊盘位置上。

10.给 P_1 引出塑线另一端焊接拉杆天线连接用 $\phi 3$ 焊片，P_4，P_3 引出塑线另一端分别焊接电池正、负极簧片

导线与焊接端子的焊接有 3 种形式：绕焊、钩焊和搭焊。如图 4.3.11 所示，P_1 引出塑线与焊片焊接采用钩焊，也可采用搭焊。如图 4.3.12 所示，红色引出塑线 P_4 与电池正极簧片、黑色引出塑线 P_3 与电池负极簧片的焊接采用搭焊，可先在电池正、负极簧片焊接位置镀锡再进行焊接，注意电池正极簧片和电池负极簧片不能接错，焊锡不要太多。

图 4.3.11　塑线与焊片的钩焊

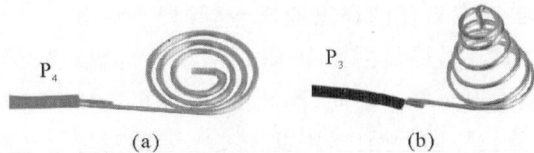

图 4.3.12　塑线与电池正负极簧片的搭焊
(a)电池正极簧片；　(b)电池负极簧片

11. 装音量轮

如图 4.3.13 所示,将音量轮方槽向下装到电位器转轴上,用十字螺丝刀上紧 $\phi 1.6\text{mm} \times 5\text{mm}$ 半圆头螺钉将其固定。

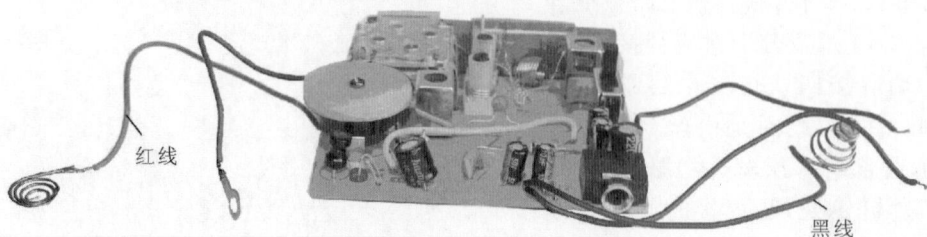

图 4.3.13 S205—2T 收音机电路板元件面

12. 通孔插装元件装配质量检验与评分

通孔插装元件安装焊接完成后的电路板如图 4.3.13 和图 4.3.14 所示,要求学生仔细进行自我检查、互相检查和班级安排人专门检查,检查无问题后,由指导老师进行检查并评出分数。

图 4.3.14 S205—2T 收音机电路板焊接面

图 4.3.15 集成电路拆焊工具

13. 收音机的焊点返修

收音机装配中难免出现问题,现在介绍如何对常见缺陷焊点进行修理和如何拆掉焊错或有质量问题的元器件。

(1)用烙铁修理焊点。烙铁圆斜面应该处理干净并镀锡良好。

焊点锡多的返修:先去掉焊点上的多余焊锡。方法:将烙铁工作面上的多余焊锡去除,用烙铁加热焊点并快速撤离。烙铁与电路板的夹角小一些可加快去锡速度。如果焊点锡少,要重新焊接。

不光滑或发污焊点的返修:先去掉焊点上的焊锡,尽量去干净,再重新焊接。

焊接面有氧化的焊点返修:这些焊点焊盘发污或引线发黑,常造成虚焊。修理时,先去掉焊点上的焊锡,尽量去干净,然后对发污焊盘或发黑引线进行去氧化处理,镀锡后再重新焊接。

(2)拆焊元件。中周、四联电容、耳机插座、波段开关以及集成电路的拆焊需要使用专用工具或特殊技巧进行操作,因此需要在老师指导下进行,不允许私自操作,否则可能会因操作不当而损坏电路板上的焊盘。

集成电路拆焊时,可用如图 4.3.15 所示西安工业大学自制的集成电路拆焊工具,将 28 个管脚同时加热,将电路板反扣过来,利用重力将集成电路拆除。这就是集中拆焊法。

　　四联电容、中周、耳机插座、波段开关等元件拆焊时,首先对于将引脚扳倒焊接的元器件,可以用烙铁先将其焊点上的焊锡熔化,同时用烙铁将引线脚扳直,然后使用吸锡器或向下磕的办法清除所有焊盘上的焊锡,最后在电路板的焊接面用镊子柄部的平面同时压住要拆卸元件的几条引线脚向元件面用力推压,直到使元件的引线脚松动为止,然后从元件面取出元件,这就是间断拆焊法。间断拆焊法难在每一条引线都要与焊盘基本分离。拆四联电容器时,在去除焊点上的焊锡后,可用电烙铁不接触焊盘对引线脚加热同时拨动引线脚,使每一个引线脚在焊料冷却后都能够彻底脱离焊盘,然后在元件面取出四联电容器。如果有一条引线未与焊盘分离,可加热该引线焊点,待焊锡熔化后,趁热拔出元件。

　　中周耳机插座、波段开关等元件拆焊时,还可先给焊盘加点焊锡,然后用电烙铁在元件的所有管脚上快速移动加热,当所有管脚上的焊锡熔透后取出元件或利用元件自身重力向下磕出元件。这就是快速移动拆焊法。

　　当拆过元器件的焊盘要重新再次焊接时,必须用元器件先在焊接面试插一下,确认元件的引线脚能很顺利地插入安装孔中再正式进行插装和焊接,否则,很容易将焊盘顶起造成焊盘剥离电路板。

第 4 节　　S205 —2T 收音机总装和静态参数测试

一、测试收音机的正、负极电阻和静态电阻

　　测试前检查数字式万用表液晶显示是否显示数字,否则需要更换电池。将黑表笔插入"COM"插孔,将红表笔插入"VΩ"插孔,将数字表功能开关置于 ⊷和))挡。

　　测试收音机正负极电阻:转动音量轮将开关闭合即开机状态,将红表笔接电池负极簧片(地),黑表笔接电池正极簧片。正负极电阻应大于 500Ω,如果过小收音机将存在短路故障,不能进入调试工序。需先进行检修,之后方可调试。

　　测试收音机集成电路各管脚对地静态电阻:转动音量轮将开关闭合即开机状态,将红表笔接地(电池负极簧片),黑表笔分别接集成电路 1,2,3,4,5,6~28 脚分别进行测试。读出数据并将测试结果填入表 4.4.1 静态电阻一栏。

表 4.4.1　CXAl691 各脚静态电阻及电压

脚　位	1	2	3	4	5	6	7	8	9	10	11	12	13	14
静态电阻/Ω														
AM 电压/V														
FM 电压/V														
脚　位	15	16	17	18	19	20	21	22	23	24	25	26	27	28
静态电阻/Ω														
AM 电压/V														
FM 电压/V														

测试注意事项：①4 脚阻值≠0，若测出其阻值为 0 时，可将收音机音量轮旋钮旋至中间位置方可测得数据。②6 脚静态电阻不用测，因为其阻值较大，超出数字万用表测量量程。③测试集成电路 1～28 脚中，若万用表蜂鸣器响，则表示电阻为"0"。

二、领取中框、后盖、拉杆天线和耳机

检查塑料壳体上的榫卯有无裂纹或断裂。

用万用表电阻×1 挡测量喇叭的两个焊片或焊点，它的电阻阻值应该是 4Ω 左右。表笔断续碰触该焊点，喇叭应能发出"喀喀"声，否则表明喇叭损坏应予以更换。

特别注意：在喇叭没有焊接好之前，音量轮和调谐轮等塑料件都不要装在印制板上，以免在焊接的过程中烫坏塑料件。

三、装调谐轮

如图 4.4.1 所示，调谐轮方槽向下装到四联电容转轴上，使调谐轮红色指针可指向集成电路，若红色指针指不到集成电路，应将调谐轮取下，调 180°重装。用十字螺丝刀上紧 φ2.5mm×5mm 的半圆头螺钉将其固定。注意手不要接触调谐轮上红色指针线以防抹掉其上红色涂料。

图 4.4.1　装调谐轮

四、装网罩

如图 4.4.2 所示，将网罩装入机壳的中框，看是否能装配到位，若不能装配到位，转换网罩方向重新装配。装好的网罩边缘应不高于中框边框。网罩装配到位后，将网罩上的 4 个小端头扳倒，使网罩不能从中框中滑脱并可避免喇叭音量较大时所引起的共振声。

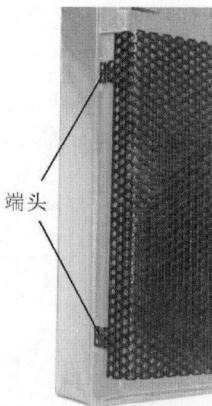

端头

图 4.4.2　装网罩图

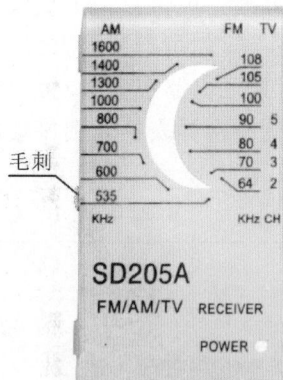

毛刺

AM
1600
1400
1300
1000
800
700
600
535
KHz

FM　TV
108
105
100
90　5
80　4
70　3
64　2
KHz CH

SD205A
FM/AM/TV RECEIVER
POWER

图 4.4.3　刻度盘图

五、装刻度盘

如图 4.4.3 所示，观察并用手触摸刻度盘 AM 刻度一侧边缘的中部是否有毛刺，若有毛刺，将毛刺用锉刀锉掉。将刻度盘 AM 刻度一端装入中框内侧，再将刻度盘 FM，TV 一端压入中框。

六、焊接喇叭线

如图 4.4.4 所示，喇叭的连接点有两种形式：一种是焊盘形式，另一种是焊片形式。焊盘形式的喇叭一般有 4 个焊盘，中间的两个焊盘焊接有喇叭的音圈线，喇叭引出塑线 P_2，P_3 应分别焊在最外面的两个焊盘上，否则，很容易将喇叭音圈线焊断损坏喇叭。带有焊片的喇叭应先在喇叭的焊片上镀锡再将引出塑线 P_2，P_3 搭焊到焊片孔上。

至此所有要焊接的元件都焊接完成，将电烙铁拔掉就可以开始装配其他机械部件了。

图 4.4.4　两种形式的喇叭焊接图

七、装电池正极簧片、电池负极簧片和连接簧

如图 4.4.5 所示，将电池正极簧片和电池负极簧片按中框上所标"＋"和"－"符号位置分别装入电路板边缘中框的槽隙中，注意不要装错。将连接簧装在电池正极簧片和电池负极簧片对面中框的槽隙中。

如图 4.4.5 所示，从焊接处将磁棒天线线圈的引出线顺时针绕过四联可变电容器并压入四联可变电容器和磁棒间的缝隙中，多余的线团在一起下压在电路板 L_5 和 CF_2 间无元件的板面上。不要使它悬在空中，以防引起机振或不小心挂断。

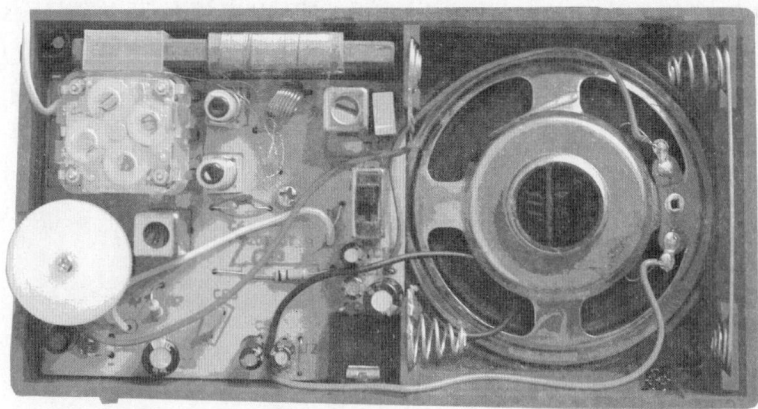

图 4.4.5　电池正极簧片和电池负极簧片、连接簧

八、试听检查收音机是否存在故障，有问题拆电路板

装上电池，检查电池和集成电路是否发烫，若发烫，必须立刻取下电池，检查短路。打开音量轮，将能听到交流声。将波段开关分别打到 FM 波段和 AM 波段，转动调谐轮，FM 波段和 AM 波段都应有广播电台且声音清晰，噪声平稳。若收音机存在本章第 6 节所述 4 种常见故障，可按其进行检查并修理。

如果装配、测试和调试中由于某种原因要拆掉电路板，如图 4.4.6 所示，可以用一只手的拇指将耳机插座处的中框塑料壳体的边缘朝外掰，同时用另一只手的拇指抠住靠近喇叭处的电路板边缘向上扳就可以很顺利地取下电路板。

图 4.4.6　拆电路板操作图

九、测试收音机静态电压和静态总电流

1. 收音机集成电路各管脚对地静态电压的测试

将收音机音量轮旋转打开即开机状态，将调谐轮调到没有电台的位置，再将收音机音量关小一点。将电路板上 S_1 波段开关朝上即磁棒天线方向拨，测 AM 波段电压。将数字万用表黑表笔插入"COM"插孔，将红表笔插入"VΩ"插孔；将挡位开关置于 $\overline{V}$ 20V（直流 20V）挡；将黑表笔接电池负极簧片，红表笔分别接集成电路 1,2～28 脚。再将电路板上波段开关朝下拨，同上所述测 FM 波段电压。最后将测试结果填到表 4.4.1AM 电压或 FM 电压一栏。

测试注意事项：①不能用电阻挡测电压，否则会损坏数字万用表。不知被测电压范围时，将功能开关置于最大量程，根据读数需要逐步接近调低测量量程，用小量程电压挡测大电压会损坏数字万用表。②电路板放在机壳外进行测量，不可倒扣在电池上，以免引起短路，烧融机壳。③将电路板上波段开关朝上（朝向磁棒）拨测 AM 波段电压；将波段开关朝下拨测 FM 波段电压。

2. 收音机静态总电流的测试

将频率调谐轮调到没有电台的位置，并且收音机关机状态。将数字万用表黑表笔插入"COM"插孔，将红表笔插入"uAmA"插孔；将数字万用表挡位开关置于 A—20mA（直流 20mA）挡；将红表笔接断开的电源开关靠电路板边的上面金属触头（RV 电位器宽一点的管脚），黑表笔接下面的金属触头；S_1 波段开关分别打在 AM 和 FM 测出 AM 收音机总电流 I_{AM}，FM 收音机总电流 I_{FM}。

测试注意事项：不能用电阻挡测电流或用电流挡测电压，否则会损坏数字万用表。不知被测电流范围时，将功能开关置于最大量程，根据读数需要逐步接近调低测量量程，用小量程电流挡测大电流会损坏数字万用表。

十、装提带和电路板

装提带和电路板在收音机无故障且测试完成后进行。

如图 4.4.7 所示，将提带从中框孔中穿入，套在中框内销钉上。

如图 4.4.8 所示，将电路板元件面向上放入中框内，先将耳机插座装入中框的插孔中，再将电路板四联电容器侧压入中框。此时电路板并未装到位，因此造成四联电容器的调谐轮和中框产生剐蹭,造成转动不灵活。用右手拇指向外掰中框音量电位器处的壳体边缘,同时用左手拇指向下压音量轮,听到咔的一声,电路板就装到位了。观察耳机插座插头已完全装入中框孔内,然后用自攻螺丝固定。注意电路板装到位后,调谐轮不应与中框有任何接触以保证其顺利转动。

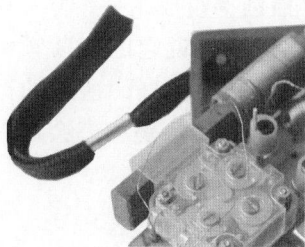　　　　

图 4.4.7　装提带　　　　　　　图 4.4.8　装电路板操作图

十一、装拉杆天线、扣后盖

这两项要求调试完成后装。

拉杆天线可转动处的螺丝比较紧,请不要松动以免造成拉杆天线装好后立不起来。将拉杆天线可弯曲活动有螺钉孔的一端从后盖 TUNING 上方处的缝隙中插入,然后从后盖内侧将焊片压在拉杆天线螺钉孔的下边并从后盖的外部用 $\phi 2.5\text{mm} \times 4\text{mm}$ 的沉头螺钉固定。

(a)　　　　　　　　　　　　　(b)

图 4.4.9　S205—2T 收音机装配后实物图

如图 4.4.9 所示,至此收音机的装配除后盖和中框的扣合外都已装配完成。后盖和中框的扣合装配较简单,这里不再叙述装配过程。

第 5 节　S205—2T 收音机的调试

一、收音机调试概述

1. 调试中的专业名词

客观仪器调试和主观调试:客观仪器调试采用收音机专用调试仪器设备进行调试,调试准确率高但调试操作复杂。主观调试用人耳听到的效果来进行调试,调试准确率低但操作简单。

中频的调试:广播无线电波在空间传输所用的频率都比较高,超外差接收方式的收音机收到的某电台的无线电信号频率后要通过一种混频电路将其频率降低为一个固定的中频频率。在调频广播中中频频率为 10.7MHz,在调幅广播中为 465kHz。收音机中所有的选频、滤波、耦合电路都是按此中频频率设计的,这样可以提高收音机的抗干扰能力、选择性等指标。

覆盖的调试:在空间有许多广播电台的无线电波,每个广播电台的无线电波从高到低都有一个自己的固定频率。从最低的广播频率到最高的广播频率组成了一个频率带,简称"频带"。超外差式接收机收音机内部有一个本机振荡器,拿调幅广播来说它的振荡频率比所接收的任何广播信号频率都要高出 465kHz,如图 4.5.1(a)所示。图 4.5.1(b)所示的振荡状态会使有些频率比较低的广播电台信号接收不到,而图 4.5.1(c)所示的振荡状态会使有些频率比较高的广播电台信号接收不到。

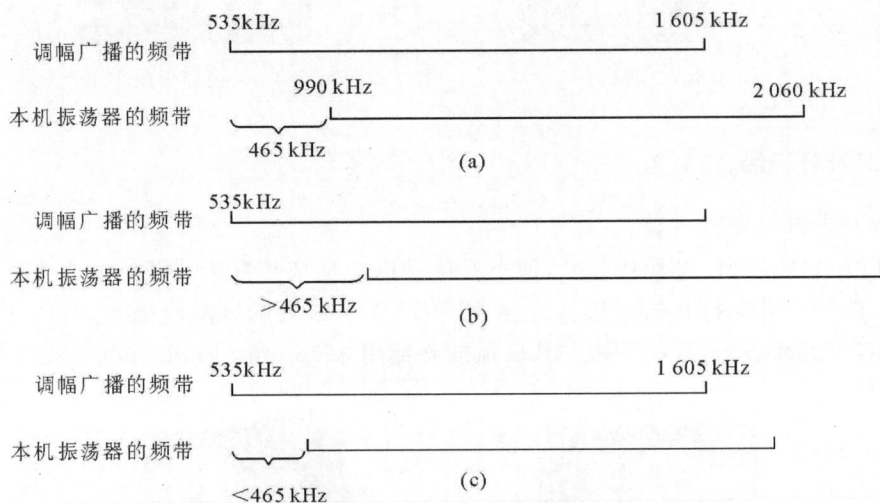

图 4.5.1 调幅收音机的频带与本机振荡的频率

调整某些元件,使本机振荡器的振荡频率处于图 4.5.1(a)所示的振荡状态就是覆盖的调试。由此可见,覆盖调试的是本机振荡器的相关元件,目的是让本机振荡频率的低端和高端都高出接收信号频率 465kHz,从而使收音机可以接收到整个广播频段内的广播电台信号,同时使所收电台信号的频率和频率刻度相符。需要指出的是在整理波段内要使每一点的信号频率都和频率刻度一致是不易实现的。

高端:空间广播电台电波信号频率最高的称"高端"。例如:AM 高端为 1 605kHz,FM 为 108MHz。

低端:空间广播电台电波信号频率最低的称"低端"。例如:AM 低端为 535kHz,FM 为 88MHz。

统调:覆盖调好后,虽然收音机已能将空间所有的广播电台信号捕捉到,但是收音机的输入回路并未调整在信号的最佳谐振状态,使得收音机的选择性、灵敏度都很差,具体表现为音量小、噪声大、失真度大。为了使在整个波段内取得基本相同的灵敏度,一般要求在频率的低端、中间以及高端有三点能够达到就可以了,这种的方法称作"三点统调"。

2.调试时注意事项

(1)调试可以采用客观仪器调试或主观调试两种调试方式的任意一种。采用客观仪器调试要提前在电路板"C"处焊一根长 15mm 左右的调试线,具体位置如图 4.3.2 所示。

（2）AM 波段的调试和 FM 波段的调试可以分别进行,无次序之分。AM 波段的调试先要进行中频的调试,再进行覆盖的调试,最后进行统调。FM 波段的调试先进行覆盖的调试,最后进行统调。

（3）调试的过程中使收音机音量关至最小,主观调试时以刚能听到广播声即可。

（4）仪器调试接线时注意不要引起短路,要防止用力过猛弄断调试线或衰减器和显示器上的线。

（5）调试要选用无感起子,如图 4.5.2 所示为我校用铜棒和胶木棒自制的多用途无感起子。其窄的一头用来调 L_4,L_5,宽的一头用来调 B_1、B_2 和四联电容上的四个微调电容 C_1,C_2,C_3,C_4。无感起子的端头不能用错,否则很容易损坏磁芯。当用无感起子调试元件旋转到头时,不可继续朝这一方向转动,以防损坏磁芯或线圈。

图 4.5.2　无感起子

（6）调试过程要细心,注意不要调错元件,起子每次转动的角度应该很微小,当向某一方向调整的过程中发现曲线或音质变差时说明调整过头应反方向调试。

（7）AM 波段或 FM 波段调试好后,调整的元件不要再动,否则要重新调试。调试完成后要用高频蜡将各个电感、天线线圈多余的线封住,以避免产生机振现象。

（8）S205 — 2T 收音机频率刻度比较粗糙,有时可能由于刻度盘在低端频率误差比较大,调整过程中如果过度追求低端的频率和指针的符合程度,可能造成在高端刻度接收不到高端的广播电台。

二、仪器调试

1.JSS — 10 集中信号源

客观调试的仪器为 JSS — 10 集中信号源。该仪器是收音机调试的专用仪器设备,主要由信号发生器、显示器和衰减器组成,如图 4.5.3 所示。信号发生器输出扫频信号、同步信号（锯齿波）和频标信号。将同步信号和频标信号送给显示器,以控制显示器显示一条扫描线和 5 个频标亮点或脉冲;将扫频信号送给收音机,由收音机进行处理后送给显示器进行波形显示。信号发生器有 3 个插盒,分别产生不同频率范围的扫频信号：AM 中频（400～500kHz）,AM 波段（400～1 800kHz）、FM 波段（73～113MHz）。

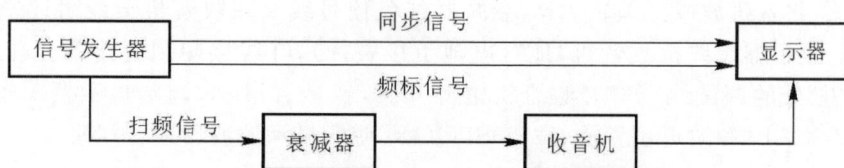

图 4.5.3　JSS — 10 集中信号源调试系统安装示意图

2.AM 波段的调试

（1）AM 中频的调试。准备：检查信号发生器的频率,从左至右应为 450kHz,455kHz,460kHz,465kHz,470kHz,若不对,则调整拨动开关进行调整。收音机波段开关置 AM。

接线方法：衰减器红色信号线接四联电容器 CO - 2 的引线端,衰减器黑色信号线悬空。

显示器黑线接收音机"地"（电池负极簧片），红线接印制电路板上耳机插座 HF 附近测试点"C"处的调试线。

调试方法：打开收音机的电源开关，音量置最小，显示器显示如图 4.5.4 所示波形。如图 4.5.5 所示调整显示器 Y 轴增益旋钮"VEATGAIN CAL"和波形位置旋钮"POSITION"使所显示的波形适合观察。调整中周 B_2（黄色），使得第三频标点（465 kHz）处于谐振波形的峰点值附近，两边基本对称，幅值最高，弧顶圆滑，单峰无第二峰值出现，如图 4.5.4(a)所示。

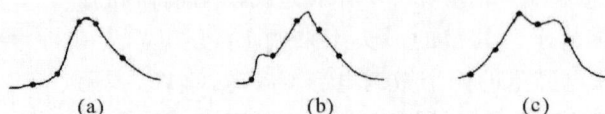

图 4.5.4　AM 中频的调试
(a)正确；　(b)电感量过大；　(c)电感量过小

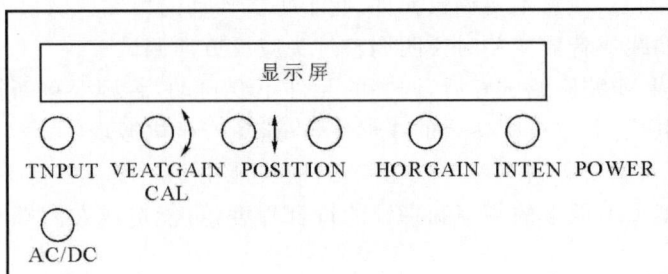

图 4.5.5　显示器操作面板

注意：当输入信号过强时，会出现平峰现象（削顶），可用衰减器衰减信号。

在实际应用中由于晶体滤波器的谐振频率存在误差，可能谐振点不是 465kHz，往往曲线峰值调在 465kHz 时反而使得接收质量变差。这是晶体滤波器的谐振频率特性不可能因为调试而改变造成的，最好提前测量一下晶体滤波器的频率特性，根据其特性来调试曲线峰值的频率点。

（2）AM 覆盖的调试。信号发生器的频率调整：检查信号发生器的频率从左至右为 535kHz，700kHz，950kHz，1 300kHz，1 605kHz，若不对调整拨动开关进行调整。

接线方法：收音机波段开关置 AM，衰减器红色信号线放在收音机天线附近，衰减器黑色信号线悬空。显示器黑线接收音机"地"（电池负极簧片），红线接印制电路板上耳机插座 HF 附近测试点"C"处的调试线。打开收音机电源开关，音量置最小，调整显示器 Y 轴增益旋钮"VEATGAIN CAL"和波形位置旋钮"POSITION"使所显示的波形适合观察。

调试方法：

1)将调谐轮指针调到 535kHz 处（频率最低端）。调整中周 B_1（红色），使第一频标点（535kHz）处于谐振曲线峰点，如图 4.5.6(a)所示。

2)将调谐轮指针调到 1 605kHz 处（频率最高端）。调整调谐轮器上的微调电容 C_2，使第 5 频标点（1 605kHz）处于谐振曲线峰点，如图 4.5.6(b)所示。

3)重复 1)，2)步骤两次以上，使得旋转四联电容从频率低端到高端曲线移动范围能够覆盖第 1 频标点到第 5 频标点且第 1，5 频标点在各自的峰点附近位置不再变化为止。

(a)　　　　　　　　　　　　　(b)

图 4.5.6　AM 覆盖的调试

(a)频率最低端；　(b)频率最高端

(3)AM 统调调试。接线方法:同(2)。

调试方法:

1)调整调谐轮使指针指在 700kHz,使第 2 频标点应处于谐振曲线峰点,然后调节天线线圈 L_3 在磁棒上的位置,使曲线幅度最大并且杂波最小,并暂时固定线圈。

2)调整调谐轮使指针指在 1 300kHz,使第 4 频标点应处于谐振曲线峰点,然后调整四联电容器上的微调电容 CO-1,使曲线幅度最大并且杂波最小,发光二极管最亮。

3)重复 1)和 2)步骤两次以上,使得灵敏度曲线在整个频段内,幅度较大并且高端和低端频率曲线幅度基本一致。

至此 AM 波段调试完毕,将调过的电感以及天线线圈固定。

3.FM 波段的调试

(1)FM 覆盖的调试。

信号发生器的频率调整:检查信号发生器的频率从左至右为 88MHz,92MHz,98MHz,102MHz,108MHz,若不对,可调整拨动开关进行调整。

准备工作:收音机波段开关置 FM。

接线方法:衰减器的红色信号线接在接拉杆天线的焊片上,黑色信号线悬空。显示器黑线接收音机"地"(电池负极簧片),红线接电路板上耳机插座 HF 附近测试点 C 的调试线。打开收音机电源开关,音量置最小,调整显示器 Y 轴增益旋钮"VEATGAIN CAL"和波形位置旋钮"POSITION"使所显示的波形适合观察。调整调谐轮使指针指在刻度 88MHz 附近,显示器显示如图 4.5.7 所示波形。有时左 S 曲线幅度很小,注意和杂波进行区分。

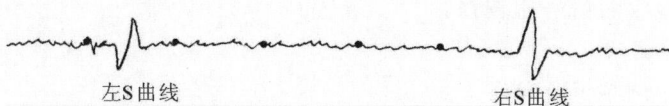

左S曲线　　　　　　　　　　　右S曲线

图 4.5.7　FM 覆盖的调试

调试方法:

1)将调谐轮调到使指针指在刻度 88MHz(频率最低端)。调整 L_5 使右 S 曲线中点处于第一频标点 88MHz,如图 4.5.8 所示。如果达不到要求,可先调试 2)项内容,然后再进行本项内容的调试。

图 4.5.8　FM 频率低端的调试

2)将调谐轮调到使指针指在刻度 108MHz(频率最高端)。调整调谐轮上的微调电容 C_4,使左 S 曲线中点处于第 5 频标点(108MHz)处,如图 4.5.9 所示。

3)重复 1)和 2)步骤两次以上,使得旋转调谐轮从低端到高端 S 曲线移动范围能够覆盖第 1 频标点到第 5 频标点且第 1,5 频标点在各自的 S 曲线中点附近位置不再变化为止。

图 4.5.9 FM 频率高端的调试

(2)FM 统调调试。接线方法:同(1)。

调试方法:

1)调整调谐轮使指针指在刻度 102MHz,左 S 曲线中点处于第 4 频标点(102MHz)(若有电台信号干扰,可错开一点频率),然后调节微调电容 C_3,使左 S 曲线幅度最大并且杂波最小,此时发光二极管最亮。

2)调整调谐轮使指针指在刻度 92MHz,右 S 曲线中点处于第 2 频标点(92MHz)(若有电台信号干扰,可错开一点频率),然后调节线圈 L_4,使右 S 曲线幅度最大并且杂波最小,此时发光二极管最亮。

3)重复 1)和 2)步骤两次以上,使 S 曲线在整个频段内幅度最大,并且高端和低端频率 S 曲线幅度基本一致。

三、主观调试

主观调试靠人耳对收音效果的判断来决定调试的结果,因为人耳对音量小的声音变化比较敏感,对大音量的变化比较迟钝,所以调试时要将收音机音量关到刚能听到广播声音的程度。在调试的过程中,需要将组装的收音机和商品收音机的收音情况进行对比。电台广播频率见附录中的附表 17。调试 AM 频段时,在信号比较弱的房间里,信号的方向性很强,一般磁棒天线呈南北方向接收的信号比较强。

1.FM 收音机的调试

将波段开关置于调频 FM 位置。

由于本机使用了陶瓷滤波器谐振元件 CF_2,其谐振频率固定在 10.7MHZ 的 FM 中频上,因此省去了中频调试的工序。

(1)调覆盖。调四联电容器的调谐轮指针到刻度 106.6MHz 附近(相当于指针在 AM1400),用无感起子宽的一端调整四联可变电容器上的 C_4 微调电容,使收音机可收到陕西人民广播电台的新闻广播,并使声音清晰洪亮。

调四联电容器的调谐轮指针到刻度 89.6MHz 附近(相当于指针在 AM700),用无感起子窄的一端调整 L_5,使收音机可收到陕西人民广播电台的经济广播,并使声音清晰洪亮。

同样由于调整的过程中,高、低端频率相互有影响,因此,1)和 2)两过程必须重复调试最少 2 次。

(2)统调。

1)调四联电容器的调谐轮指针到刻度 105.5MHz 附近,用无感起子宽的一端调整四联可

变电容器上的 C_3 微调电容,使收音机可收到陕西人民广播电台青春调频广播,并使声音清晰洪亮,发光二极管发光最亮。

2)调四联电容器的调谐轮刻度指针到 91.6MHz 附近,用无感起子窄的一端调 L_4 使收音机可收到陕西人民广播电台的交通广播,并使声音清晰洪亮,发光二极管发光最亮。

如调覆盖一样,统调时 1)和 2)调试过程最少要反复调两次以上。

2. AM 收音机的调试

将波段开关置于调幅 AM 接收位置。

(1)调中频:先将磁棒天线线圈 L_3 拉到磁棒边临时固定,调整四联电容器的调谐轮使收音机可以收到任何一个调幅广播电台的广播信号,用宽无感起子宽的一端调 B_2 黄色中周,使声音最响最清晰。

(2)调覆盖。

1)调整四联电容器的调谐轮指针指到刻度 603kHz,用无感起子宽的一端调整 B_1 红色中周,使收音机可以接收中央人民广播电台的中国之声,并使声音清晰洪亮。由于 540kHz 频率信号较弱,难以接收,故改调 603kHz。

2)调四联电容器的调谐轮指针指到刻度 1 323kHz,用无感起子宽的一端调整四联可变电容器上的 C_2 微调电容,使收音机可收到陕西人民广播电台的交通广播,并使声音清晰洪亮。

由于调整的过程中,高、低端频率相互有影响,因此,1)和 2)两过程必须重复调试最少 2 次。

(3)统调。

1)调四联电容器的调谐轮刻度指针到 603kHz 附近,使收音机可收到陕西人民广播电台的都市广播,调整磁棒天线线圈在磁棒上的位置,使音量最佳、声音最好,发光二极管发光最亮。

2)调四联电容器的调谐轮指针到刻度 900kHz 附近,使收音机可收到陕西人民广播电台的农村广播,用宽无感起子调 C_1 微调电容,使音量最佳、声音最好,发光二极管发光最亮。

如调覆盖一样,统调时 1)和 2)调试过程最少要反复调两次以上。

由于 S205 — 2T 收音机的频率刻度比较粗糙,因此在调试的过程中频率刻度有一定误差这是正常的。

3. 覆盖调试的技巧

通过上述两个波段的主观调试过程,大多数收音机都可得到满意的调试结果,但个别收音机可能会无论怎么调试都收不到高端的广播电台信号。原因可能有两个,一是调试过程不细心。二是频率刻度盘误差造成的。

碰到以上情况,若是第一种原因只要细心一些就可以解决。若是第二种原因可考虑频率刻度盘的误差而不过分要求刻度的绝对准确,或按频率刻度盘调试经验值进行调试。

采用上述方法如果仍收不到高端的广播电台信号,则可以采用逐步逼近的方法进行调试。为了说明逐步逼近法的调试过程,以 FM 高端调试为例进行说明。在将调谐轮调到 106.6MHz 时,收到的电台信号不是陕西人民广播电台新闻广播的信号,而是其他频率低一些的电台信号。调整调谐轮使该电台音质最好时,顺时针略微调整 C_4 微调电容,使该电台音质变差,再调整调谐轮使该电台音质最好并观察调谐轮指示频率比调整前高还是低。如果指示频率比调整前高,说明 C_4 调整方向反了,正确方向应逆时针调整;如果指示频率比调整前低,说明调整方向正确。再次将调谐轮指示频率向低调一点使该电台音质变差,向正确方向调 C_4 便使电台的音质变好,如此反复直到该电台的指示频率和实际频率基本一致。

第 6 节　S205 — 2T 收音机的常见故障排除

收音机装配完成后可能会因为种种故障原因造成不能正常收听,本节主要针对实训过程中收音机产生的常见故障介绍排除故障的一些方法,并提供常见故障排除的流程和检修实例供学生参考,要求学生能够自己查找排除收音机的简单故障。

一、S205 — 2T 常见故障排除检查方法

检查并锁定故障点是故障排除的关键。在收音机故障排除检查过程中,常见的方法有电压法、电阻法、干扰法、替换法和观察法。

1. 电压法

用电压表测量一些点的对地电压看是否正常,由此来判断某点及周围的电路是否有问题。

测量某点电压时必须有一个参考点,在电子仪器、仪表中如无特殊说明,该参考点一般指的是供给设备电源的负极,俗称"地"。一般"地"在印刷版中所占面积较大。本收音机的"地"指的是电池的负极,它在电路板上的分布区域如图 4.6.1 所示的深色铜箔部分。在电路板上的这些区域上的焊点都可作为电压参考点"地",一般选取方便测量的点。

测量时用电压表的负极接在地端,正极接于需要测量的点上进行测量。

用电压法测得的电压数据和图纸上的电压数据进行比较。一般由于所用万用表的型号不同、准确度不同、测量方法不同,器件性能参数的离散性不同,半导体器的导通状态和设备的工作状态不同,所测得的

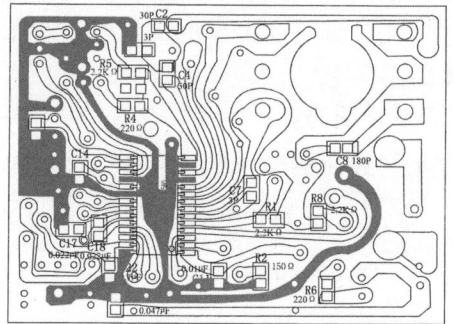

图 4.6.1　电路板上的地分布区域

数据和图纸上的数据有一些差别都是正常的。但若与图纸上使用同一型号的万用表且测量方法相同,所测数据就不应差别太大。如果差别太大,就说明该点周边相关的电路是不正常的。

收音机应用此方法测试的是集成电路各个管脚对地的电压。测量值与万用表的型号有关,其第 4 脚电压和音量电位器旋转的角度有很大关系。

2. 电阻法

用万用表电阻挡测量某一段电路的电阻或集成电阻对地电阻,将测量值和资料中的标准值进行校对。当测量值和标准值有较大偏差时,表明此段电路有故障。虽然有些元器件没有在资料中给出标准值,但可以用经验来判断其优劣。例如用电阻"×1"挡测量喇叭,喇叭应发出"喀啦"声,电阻为 4Ω 左右,测磁棒天线线圈电阻为 5Ω 左右,用电阻挡测量电容器时大容量电容有充电现象,小容量($1\mu F$ 以下)电容电阻为无穷大等。

3. 干扰法

在修理电子仪器时常采用干扰法来判断放大器是否正常工作。在修理收音机收不到电台或有些无声故障时也采用此方法。此方法可以迅速将收音机上的故障范围大大缩小。用手持

某一导体如镊子、螺丝刀、电烙铁头接触电路的某一点作为干扰源,来判断电路的工作状况,使用电烙铁头作为干扰源干扰信号会更强一些。例如一台收音机收不到调幅段广播,用导体碰触集成电路 14 脚,如果喇叭没有"喀啦"声,说明故障在 14 脚以后的中频选择、放大、检波、功放电路里,如果有"喀啦"声,故障就在 14 脚以前的选频、振荡的电路里。

4. 替换法

对有些元器件,怀疑其性能不佳,可用性能良好的器件将怀疑对象换下来。这种方法往往是在故障范围已确定到某个具体元件时采用的,有时有一些软故障并不好通过在线测试的方法来判定范围时也经常采用这个方法。

5. 观察法

这种方法比较直观而行之有效,可以快速发现故障点,对于有明显问题的故障可收到事半功倍的效果。对于组装的收音机而言主要观察在元件面有无元件相碰、电解电容器是否极性装错、元件有无损坏,在焊接面有无焊盘剥离、虚焊、桥接等焊点缺陷。

故障检查的方法很多,往往需要将几种方法综合起来考虑。一般应先使用观察法,再使用电阻法、电压法进行测量;先将查找范围缩小,再仔细排查,锁定故障元件或故障点。

二、S205 — 2T 收音机的常见故障排除流程

收音机常见基本故障有无广播声、无交流声;有交流声,可以收到 FM 广播收不到 AM 广播;有交流声,可以收到 AM 广播、收不到 FM 广播和广播声音小四种故障,图 4.6.2 至图 4.6.5所示为这 4 种常见故障排除流程图。这些故障排除流程图是几年来实训经验的总结,希望学生可以按部就班对照流程图进行故障排除。

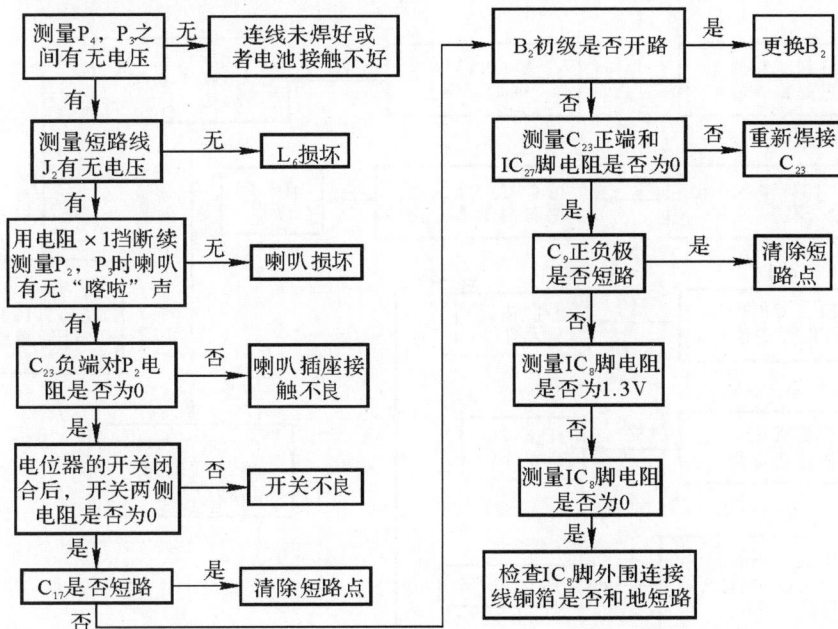

图 4.6.2　两波段均无广播声、无交流声故障排除流程图

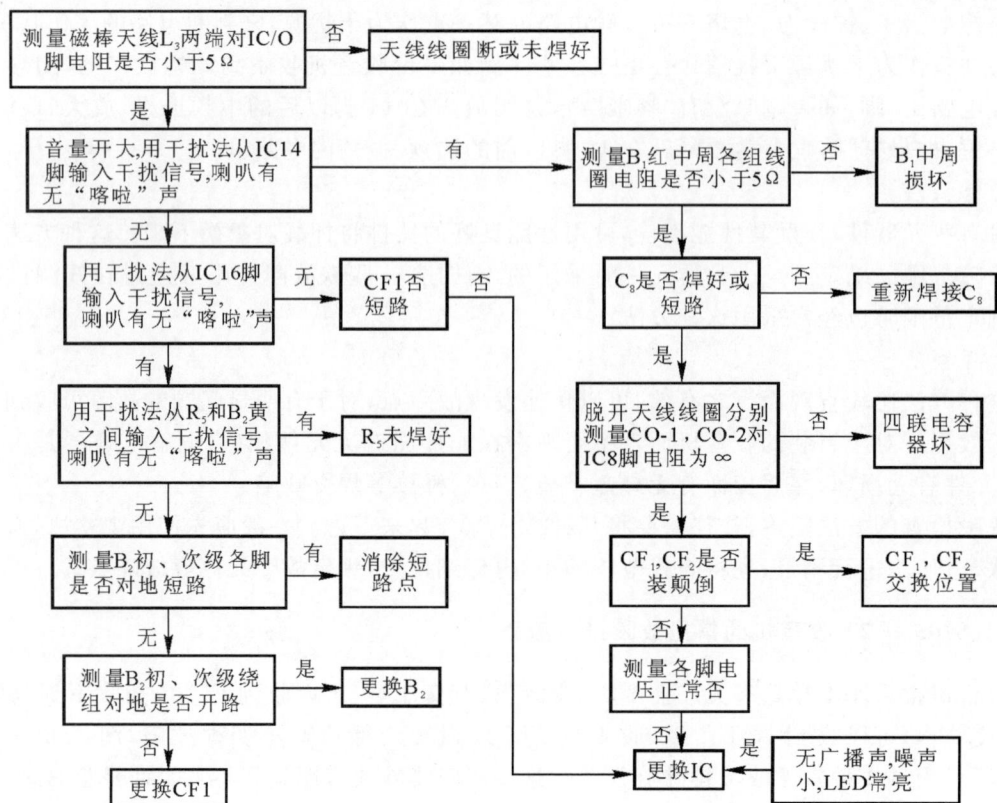

图 4.6.3 有交流声,可以收到 FM 广播,收不到 AM 广播故障排除流程图

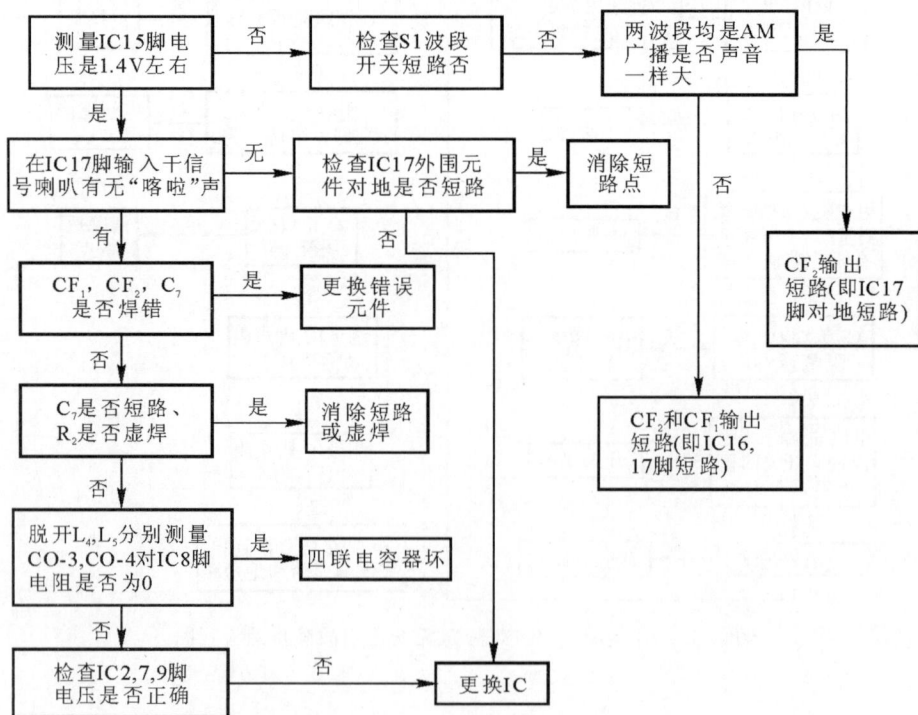

图 4.6.4 可以收到 AM 广播,收不到 FM 广播故障排除流程图

```
┌─────────────┐  是  ┌─────────────┐  否  ┌─────────────┐  否  ┌─────────────┐
│ R₇阻值是    │─────→│ C₉是否焊盘  │─────→│ 电位器接触不良 │─────→│ C₁₈是否短路 │
│ 否正确      │      │ 落造成开路  │      │             │      │             │
└─────────────┘      └─────────────┘      └─────────────┘      └─────────────┘
      │否                  │是                  │是                  │是
      ↓                    ↓                    ↓                    ↓
┌─────────────┐      ┌─────────────┐      ┌─────────────┐      ┌─────────────┐
│ 更换R₇      │      │ 修理开路点   │      │ 更换电位器   │      │ 消除短路点   │
└─────────────┘      └─────────────┘      └─────────────┘      └─────────────┘
```

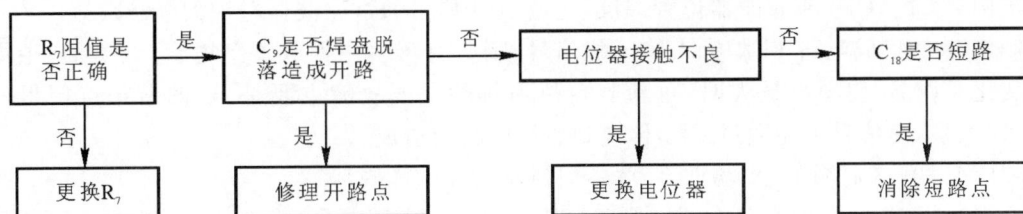

图 4.6.5　广播声音小故障排除流程图

三、S205 — 2T 收音机的常见故障检修实例

检查故障要不断地参看电路原理图、电路板装配图和电路板,按照电路物理网络检查、分析和排除,在错综复杂的线路中穿梭,采用多种手段和方法进行综合。对于初学者来说有一定难度,下面介绍几种故障排除实例,以供参考。对于一个有经验者来说,直接检查故障易发点,可以大大提高检查速度。

1. 无交流声故障检修实例

实例 1:通电前不装电池闭合电源开关,用万用表检测 P_4 和 P_3 两端电阻为 0Ω,由于在 $\times 100\Omega$ 电阻挡测正常值 $\geq 500\Omega$,显然存在短路现象。断开 S_2 电源开关测量 P_4 和 P_3 两端电阻正常,说明故障在 C_{20} 正极所接的导线及元件上。在该段导线上的元件有 C_{20},集成电路 26 脚,C_{21},短路线 J_2 等元件及线路。集成电路本身造成故障的概率很小,有可能是集成电路的 26 和 28 焊盘连接印刷线路在集成电路下方由于某原因造成短路。因为 26 脚是电源,28 脚接地,从而造成该故障,但是也有可能是其他地方线路短路。检查时要拆除集成电路比较麻烦,因此先检查其他可疑点。断开 J_2,故障依在,观察 C_{21} 下部似有电路短路,拆下 C_{21},清除短路点,重新焊接上 C_{21} 再测量,故障排除。

实例 2:测量集成电路 8 脚无 1.25V 标准电压,对地电阻为 0Ω。对照印制板图检查 8 脚外围铜箔导线,发现 8 脚处铜箔导线与地之间的铜箔在制作电路板时未腐蚀干净造成该铜箔导线和地短路,将短路处用锯条刻开故障排除。

2. AM 波段、FM 波段均收不到电台检修实例

原因分析:产生这种现象一般先检查两个波段的公共部分,因为单个频段同时出现故障的概率较小,而公共部分出现故障的概率较大。通过电路分析,两个波段的输出公共部分是 IC14 脚,也就是说故障在 IC14,15,16 脚之间的电路发生。检查:通过测量 IC14 脚电压为 1V 左右,其正常值应为 AM 0.2V 左右和 FM 0.5V 左右,说明其外围 R_5 和 B_2 可能存在开路状态。测量 B_2 发现原边开路,更换后正常收到电台。原因分析:由于 B_2 原边接地端开路,使得 IC14 脚电压升高,破坏了 IC14 脚内部电路工作状态,使其在两个波段均无输出,如果 R_5 没有焊好或损坏,也会造成同样的故障现象。

3. 收听不到 AM 广播检修实例

实例 1:在焊接磁棒天线的四联电容 $CO-1,CO-2$ 管腿之间测天线线圈的电阻为 ∞,正常值应为小于 10Ω。检查天线线圈引线头部镀锡部分曾被截断,已无镀锡部分,焊接时没有去除天线线圈引线焊接部分的漆层并重新镀锡,而是直接焊接剪断后的线头。实际上该导线为漆泡线,不去除漆层镀锡就会由于漆层的绝缘作用造成电路不通。

实例 2：CF_1，CF_2 两滤波器位置焊反，造成 AM 信号通过滤波器时被大幅衰减掉。

实例 3、从集成电路 14 脚给人体干扰信号，喇叭有喀喀声但收不到电台，调试 B_2 中周噪声有变化。调 B_2 使噪声最大时，重新收台故障排除。该故障主要是 B_2 的谐振点调得偏离 465kHz 太多，使信号不能通过 CF_1 传递到后续电路而造成。

4.FM 波段可收到低、中端电台，收不到高端电台检修实例

原因分析：收音机无论怎么调试覆盖，只可收到低、中端电台，收不到高端电台。可收到电台说明前级接收、中放、鉴频和功放均无问题，收不到高端电台说明覆盖不正确。覆盖的调试对象是本机振荡器的频率，当本机振荡器在高端的频率较低时，和在高端接收到的广播信号在混频器中混频后输出的频差不是 10.7MHz，而后边的中频选择电路是按 10.7MHz 设计的，凡低于或高于 10.7MHz 的信号均被衰减，因此就收不到高端电台了。这种现象说明 FM 本机振荡器产生了故障，相关元件有 L_5 和 CO－4。

5.音量小故障检修实例

通过检查音量电位器中心活动端子对地电阻发现当电位器转到头时，活动端子对两个固定端子的电阻都比较大。正常情况时应该有一端电阻接近 0Ω，也就是在音量最大时中心端子对地电阻接近 0Ω。通电情况下，将中心端子对地短接，音量恢复正常。以上现象说明音量电位器质量有问题，更换后故障排除。

第 5 章

960 型指针式万用表的实训

万用表具有操作简单、功能齐全、便于携带、价格低廉、一表多用等特点,它是电工、电子领域维修及测量的必备仪表。本章通过 960 型指针式万用表训练电路原理分析和参数计算,波峰焊接和手工装配技术,调试、测试和故障排除技术,要求学生掌握以上所有具体内容。本章训练内容很具有系统性,结构清晰,特别对手工装配技术的训练具有独到性。

第 1 节　960 型指针式万用表的电路原理

分析一个电子产品的电路原理需要了解产品的组成、功能和工作原理,将整机电路分解成单元电路,分析单元电路的原理、元器件在电路中的作用。

一、960 型指针式万用表的组成、功能和工作原理

1. 指针式万用表的组成

指针式万用表主要由表头、测量线路和转换开关组成。

表头是一个磁电式微安表,用以指示被测量的数值。

测量线路用以把各种测量值转换到适合表头测量的直流微小电流。测量线路实质上由多量限直流电流测量电路、多量限直流电压测量电路、多量限整流式交流电压测量电路以及多量限欧姆测量电路等几种测量线路组合而成。

转换开关实现对不同测量线路的选择,以适应各种测量要求。转换开关里有一个活动触点和一个以上的固定触点,当活动触点和某一个固定触点闭合时,就可以接通相应的电路。活动触点称为"刀",固定触点称为"掷"或者"位"。

2. 指针式万用表的功能

基本测量功能:

直流电流 DCA:0～2.5A;直流电压 DCV:0～1kV;交流电压 ACV:0～1kV;电阻 OHM:0～2MΩ;音频电平:－10～＋62dB。

扩展功能:

晶体管放大系数 hFE:0～200dB;电池负载电压 BATT:1.5V 或 9 V 电池;通断测量•)))挡:当被测电路电阻小于 10Ω 时,蜂鸣器发声。

3. 磁电式表头工作原理

线圈处于永久磁铁气隙场中,用万用表进行测量时,线圈中有电流通过,通有电流的线圈在磁场中受力并带动指针而偏转,当与游丝反作用力矩平衡时,便获得读数。电流越大,指针偏转越大。

二、960型指针式万用表工作原理与各分电路原理

图5.1.1所示为960型指针式万用表电路原理图,各分电路原理如下。

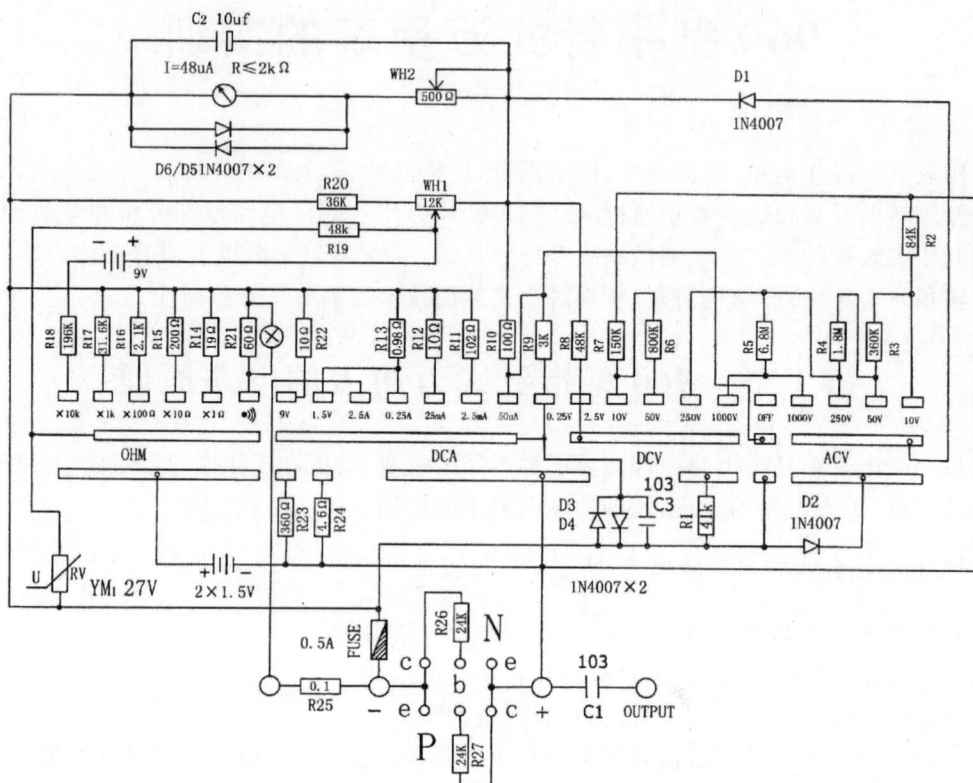

图5.1.1　960型万用表电路原理图

1. 多量限直流电流(DCA)测量电路

该电路原理是通过在微安表上并联不同大小的电阻(分流电阻)来达到改变电流量程的目的。并联电阻越小,量程越大。

2. 多量限直流电压(DCV)测量电路

该电路原理是通过在微安表上串联不同大小的电阻(分压电阻)来达到改变电压量程的目的。串联电阻越大,量程越大。

3. 多量限交流电压(ACV)测量电路

由于磁电式微安表只适于测量直流量,因此交流电压ACV测量电路先要将交流电压用二极管D_1做半波整流,然后通过串联不同大小的电阻(分压电阻)来达到改变电压量程的目的。当测量10V以下的交流电压时,由于整流二极管小电流的非线性特性的影响,在线性标尺上读取的读数误差比较大,因此为ACV 10V挡特设一条专用非线性标尺来读取小于10V的交流电压。

4. 多量限欧姆(电阻)测量电路(OHM)

它靠改变与表头并联的分流电阻的大小来扩大不同挡位的电阻量程。被测电阻与万用表内部的电路形成串联关系,被测电阻越小电流越大。当被测电阻无穷大时,电流为零。因此欧

姆标尺为反向刻度。当转换万用表的测量挡位时,实际上改变了并联于表头两端的电阻阻值,使得电流在万用表中重新分配从而引起表的指针偏离零点。另外一方面表内的电池使用久了,电压就会下降,使得零位产生偏移。这两方面的因素都会造成在进行电阻测量时产生比较大的测量误差。因此,在万用表的电路中都设置有一个调零电位器 WH_1。通过调节调零电位器可以使表针恢复到零位。

OHM(电阻)挡电流灵敏度与被测电阻值成非线性变化,因此刻度是不均匀的。越接近中心的刻度电流灵敏度与被测电阻值线性越好,在刻度中心弧长 1/3 范围内,电流灵敏度与被测电阻值接近线性变化。测量大电阻若提高电流灵敏度不足以得到的最高倍率挡,则可用提高电池电压的方法来解决。

5.过载保护电路和其他元器件

OFF 位置使表头线圈处于闭合状态,在磁场中利用感抗来缓冲外界震动引起的冲击,以保护表头。

起过载保护作用的元器件有:熔断器 FUSE,D_5,D_6,D_3,D_4,C_3,RV/YM1,D_1。熔断器 FUSE 为电源过载保护电路;当用直流电流 DCA 挡误测电压时,D_5 的作用是当表笔正接而又发生电压过载时,起到保护表头的作用;D_6 的作用是当表笔反接而又发生电压过载时,起到保护表头的作用;D_3,D_4,C_3 为 OHM 挡误测电压或电流,电流挡误测电压的保护电路;YM1 为 OHM 挡过压保护电路;D_2 可以为交流电路反向电压提供泄放回路,防止将 D_1 反向击穿。

三、960 型指针式万用表各测量电路电流经过的路径

从图 5.1.1 所示电路图中可以看出 960 型指针式万用表的波段开关有 3 层位。为了便于分析我们从下到上将这 3 层位分别表示为 V_1,V_2,V_3,第一层各测量功能的位用字母来区分如 V_{OHM1},V_{DCA1},V_{DCV1},V_{ACV1},第二层各测量功能的位用字母来区分如 V_{OHM2},V_{DCA2},V_{DCV2},V_{ACV2},第三层各测量功能的位用字母来区分如 V_{OHM3},V_{DCA3},V_{DCV3},V_{ACV3},表示结果如图 5.1.2 所示。波段开关的刀是活动触点,它可以沿着电原理图上的位根据需要从左向右来回滑动,当停在某一位置时,接通与 V_3 竖直对应的 V_1,V_2 固定触点,V_3 下所示挡位测量电路接通。

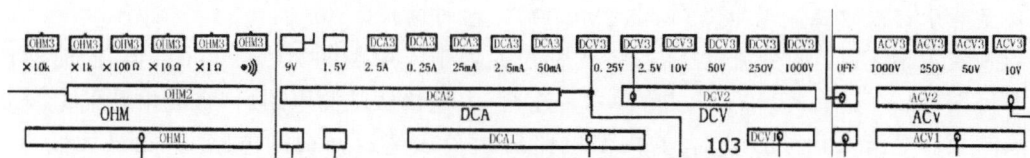

图 5.1.2　固定触点和其字母数字表示

1.多量限欧姆(电阻)OHM 测量电路(以电阻×1 挡为例说明)

此时波段开关的刀滑动到×1 的位置,将电阻 R_{14} 下方的 V_{OM1},V_{OM2},V_{OM3} 接通,万用表正负表笔闭合后电流从电池的正极流出经过图 5.1.3 所示的路径。

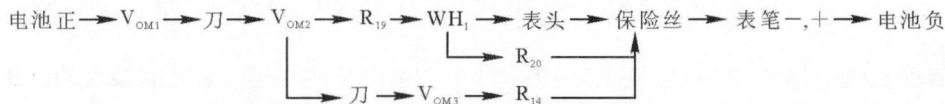

图 5.1.3　电阻 OHM×1 挡测量电路电流经过的路径

当转换到×1,×10,×100,×1k 挡时,只是 V_{OM3} 支路的分流电阻 R_{14} 变化了,其余电流路径是不变化的,而×10k 挡电流路径较图 5.1.3 所示变化较多,学生可以自行分析。

2. 多量限直流电流 DCA 测量电路(以 2.5mA 挡为例说明)

当测量小于 2.5mA 的直流电流时,将波段开关置于万用表的 2.5mA 挡。此时波段开关的刀将 V_{DCA1},V_{DCA2} 和 2.5mA 上方的 V_{DCA3} 连通,表笔接触被测电路后,被测电路的电流将从万用表的正表笔流入,经过万用表的内部电路后由负表笔返回被测电路,其路径如图 5.1.4 所示。

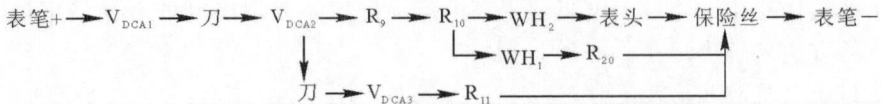

图 5.1.4　直流电流 DCA2.5mA 挡测量电路电流经过的路径

当转换挡位为 25mA 挡,250mA,2.5A 挡时,这个电流路径是不变化的,变化的只是与 V_{DCA3} 支路相连的分流电阻 R_{11}。

3. 多量限直流电压测量电路(以 DCV1000V 挡为例)

当测量大于 250V 的直流电压时,将波段开关置于万用表的 DCV1 000V 挡,此时波段开关的刀将 V_{DCV1},V_{DCV2} 和 1 000V 上方的 V_{DCV3} 连通,表笔接触被测电路后,被测电路的电流将从万用表的正表笔流入,经过万用表的内部电路后由负表笔返回被测电路,其路径如图 5.1.5 所示。

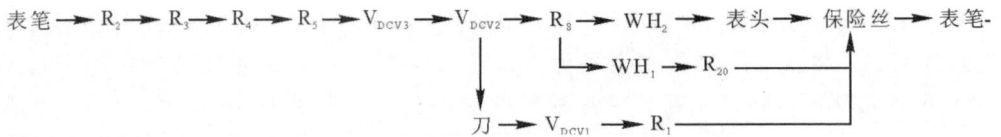

图 5.1.5　直流电压 DCV1 000V 挡测量电路电流经过的路径

当转换挡位为 2.5V,10V,50V 挡时,除表头支路和 WH_1 支路不会变化外,其他支路所连接的元件都会发生变化。请自行分析 2.5V,10V,50V,250V 挡电流的路径。

4. 多量限交流电压测量电路(以 ACV1 000V 挡为例)

当测量大于 250V 的交流电压时,将波段开关置于万用表的 ACV1 000V 挡,此时波段开关的刀将 V_{ACV1},V_{ACV2},1 000V 上方的 V_{ACV3} 连通,表笔接触被测电路后,被测电路的电流将从万用表的正表笔流入,经过万用表的内部电路后由负表笔返回被测电路,其路径如图 5.1.6 所示。

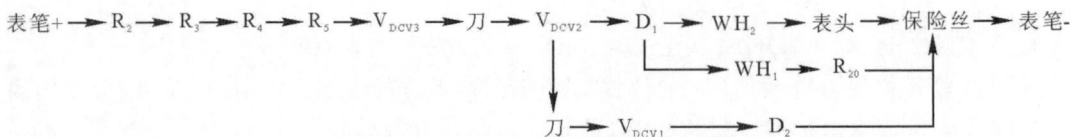

图 5.1.6　交流电压 ACV1 000V 挡测量电路电流经过的路径

当转换交流电压 ACV 测量挡位为 10V,50V,250V 挡时,在 V_{ACV3} 之前接入的分压电阻大小不同,其余电流路径是不变化的。

四、960 型指针式万用表分电路图的绘制

1.训练题目

画出 960 型指针式万用表的 4 个基本测量功能电路的电路图。

2.起过载保护作用的元器件按正常电路运行情况进行等效

起过载保护作用的元器件有:熔断器 FUSE,D_5,D_6,D_3,D_4,C_3,YM_1,D_1。熔断器 FUSE 等效为短接状态,其余除 D_1 外等效为开路状态。

3.使用以下两种方法将 960 型指针式万用表电路分解为 4 个基本测量功能电路

多量限欧姆(电阻)测量电路(OHM)、多量限直流电流的测量电路(DCA)、多量限直流电压的测量电路(DCV)和多量限交流电压的测量电路(ACV)。

(1)走线法。先照抄下要画的部分电路转换开关的固定触点。然后设想将转换开关转到某一位置,再从"＋"接线柱端开始,经过有关线路及元件找能够回到"－"接线柱端的通路,然后将能走通的所有线路及元器件照图画下来。如果一条支路被开关切断走不下去,则该支路不与考虑。如果碰到几条支路的交点,则应分别注意这几条支路能否走到"－"接线柱端,以防漏掉一条支路。再设想转换开关的刀转到另一挡位的位置,重复上述步骤,直到该测量电路的所有挡位都画出为止。

(2)模块法。先找出各测量电路的公共部分,然后再分清多量限直流电流测量电路、多量限直流电压测量电路、多量限交流电压测量电路以及多量限欧姆测量电路的特有线路,主要为分压或分流电阻部分,然后将它们分别组合起来。

4.电路原理图的绘制标准

(1)图面布置。布置均匀,整体外形呈方形。

(2)元器件符号。同类元件无论它的实际功率和体积大小,均采用大小一致的符号进行绘制。

(3)元器件布置。串联时,各元器件符号最好画在一条直线上;并联时,各元器件符号的中心对齐。当若干元件接到同一根公共线上时,同类元器件图形符号应保持高、齐、平。表头支路尽可能画在中央。布置应保持对称、均匀。

(4)元器件之间的连线。元器件之间的连线应水平或垂直,互相平行的导线保持一定的间距,不要太密。尽量减少两线交叉,以保证图纸的清晰程度。如图 5.1.7 所示,导线交叉时,若交叉而又连接,应在交叉处画一实心圆点,以示连接。交叉而不连接,则无须画出圆点。

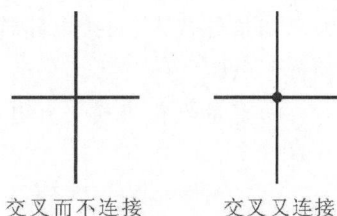

交叉而不连接　　交叉又连接

图 5.1.7　交叉线的画法

五、元器件参数的计算

1.960 型万用表的参数

(1)表头灵敏度 I_g:表头的满度电流 I_g 称表头灵敏度,一般为 $10\sim200\mu A$。960 型万用表的表头灵敏度为 $50\mu A$。

(2)电压灵敏度 S_V:电压灵敏度 S_V 等于电压挡的等效电阻 R_V 与满量程电压 U_m 的比值。I_g 越小,其电压灵敏度也就越高。电压灵敏度越高说明万用表的内阻越高,测量时对被测电路的影响就越小。

(3)欧姆挡中心电阻。欧姆挡中心电阻是指在某一电阻挡,通过万用表的电流使万用表的指针处于满刻度的一半电流时的阻值,此时被测电阻等于该欧姆表总内阻值,因此这个值处于电阻标尺刻度的中心。为了共用一条标度尺,各欧姆挡中心电阻之间是十进制的关系。960型万用表 $\times 1$,$\times 10$,$\times 100$,$\times 1k$,$\times 10k$ 挡的欧姆中心电租分别为 20Ω,200Ω,$2k\Omega$,$20k\Omega$,$200k\Omega$。

2.万用表元器件参数的计算

欲对电路图有更加深入的了解,可对某些主要技术指标进行一定的估算,以便对电路的技术性能获得定量的概念。

(1)训练题目。已知:

1)960型万用表性能指标:表头灵敏度:$I_g = 48\mu A$,电压灵敏度:DCV 为 $20k\Omega/V$,ACV 为 $9k\Omega/V$。

2)表头内阻:$R_g = 2k\Omega$(包含 WH_2 的阻值在内);与表头并联的电阻 R_{20} 为 $36k\Omega$,WH_1 为 $12k\Omega$;二极管正向导通电阻为 500Ω。

3)交流电压挡用二极管 D_1 用做半波整流,经半波整流后所反映的电流为平均电流,平均电流为交流电平有效值的 0.45 倍。

计算电阻 $R_2 \sim R_{13}$,R_{25} 的阻值。

(2)计算方法提示。

1)首先各找出要求的多量限直流电流表、多量限直流电压表、多量限交流电压表的分流和分压电阻。

2)根据表头内阻:$R_g = 2k\Omega$(包含 WH_2 的阻值在内),表头灵敏度:$I_g = 48\mu A$,计算出表头电压。

3)根据电路连接关系计算出 R_{20} 上的电流,计算出表头与 R_{20} 上的电流之和 I_g。

4)各挡位电压值或各挡位电流值即为万用表满偏时,正负两端电压值或电流值。将其作为已知条件代入,再按电路连接关系即可计算出多量限直流电流表、多量限直流电压表的分流和分压电阻。

5)多量限整流式交流电压表计算时,要将 I_g 进行平均电流到有效值的变换,再进行计算。

第 2 节　960 型指针式万用表的波峰焊接

960 型指针式万用表采用波峰焊接和手工焊接两种方式进行焊接。波峰焊接用于电阻、电容器、二极管、压敏器件等的焊接,手工焊接用于不便于波峰焊接的其他元器件的焊接,如晶体管插管、表笔输入管、电位器 WH_2、WH_1、蜂鸣器等元器件的焊接。

本节要求学生了解波峰焊接所使用的设备、手推插件生产线和元器件插装和波峰焊接工艺。

一、960 型指针式万用表波峰焊接所使用的元器件

拿到元器件后应对照图 5.2.1,进行元器件的清点和封装外形的识别,牢记元器件的外形特征。

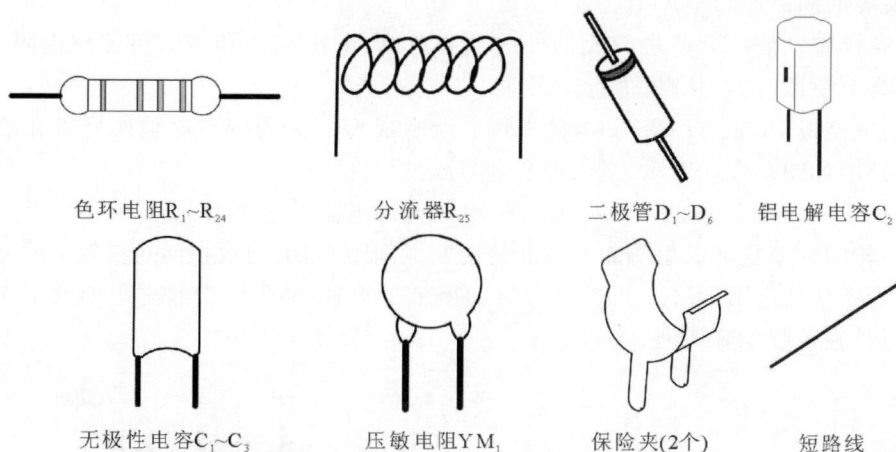

色环电阻R₁~R₂₄　　分流器R₂₅　　二极管D₁~D₆　　铝电解电容C₂

无极性电容C₁~C₃　　压敏电阻YM₁　　保险夹(2个)　　短路线

图 5.2.1　960 型指针式万用表波峰焊接所使用的元器件封装外形表

二、波峰焊接前准备

1.贴保护膜

为了防止万用表转换开关固定触点电镀过银的铜箔被波峰焊接时的焊锡污染,造成万用表转换开关接触不良的问题,要在镀过银的固定触点铜箔位置,贴上一层耐热美纹纸作为保护膜。

先将美纹纸贴在表面光滑的热转印纸上,用尺子和圆规对照印制板(见图 5.2.2(a))须保护的铜箔画好保护膜外形图,保护膜外形图要略大于铜箔形图,然后按画好的外形图用剪刀进行裁剪,最后取下美纹纸将其贴在镀过银的固定触点铜箔位置上,贴好保护膜的电路板如图 5.2.2(b)所示。

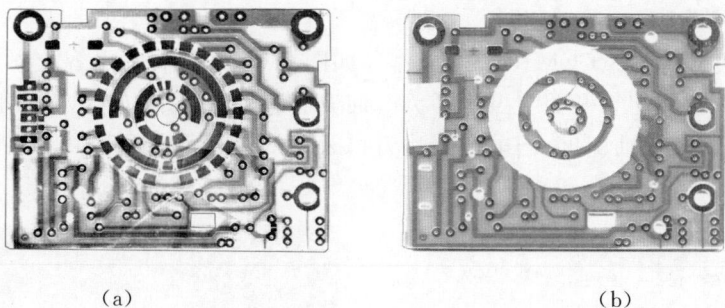

(a)　　　　　　　　　　　　　　　　　　(b)

图 5.2.2　在印制电路板上贴保护膜

(a)印制电路板;　(b)贴好保护膜的印制电路板

2.元器件引脚成型

(1)目的。元器件成型包括两方面的内容:成型和剪脚。

成型的目的是要按照装配的要求把元器件的引线折弯成一定的形状,以利于元器件管脚顺利插入电路板焊盘孔内并使元器件距板面保持在一定高度以配合外壳装配和防止振动损坏。

剪脚的目的是为了避免元器件插装完成后,在波峰焊机里焊接的过程中由于引线太长造成和锡炉喷嘴的刮碰而影响焊接质量。

（2）设备操作。使用设备进行元器件成型和剪脚，电阻成型和剪脚可使用电阻成型机进行，电容切脚可使用电容切脚机进行。

1）电阻成型机 Creat－PCM1000 的操作。电阻成型机分为带装电阻成型机和散、带装电阻成型机两种，如图 5.2.3 所示为散、带装电阻成型机。

如图 5.2.3(a)所示，将两个成型齿轮间距调整到电阻两引脚需要折弯的两拐点间距，将两个切断齿轮间距调整到两引脚需要切断的两断点间距，将电阻放在两对齿轮中间，逆时针旋转手柄，折弯并切断电阻引脚。如图 5.2.3(b)所示带装时，要先将带装电阻架放下来，然后将电阻包装带挂在带装电阻架上。

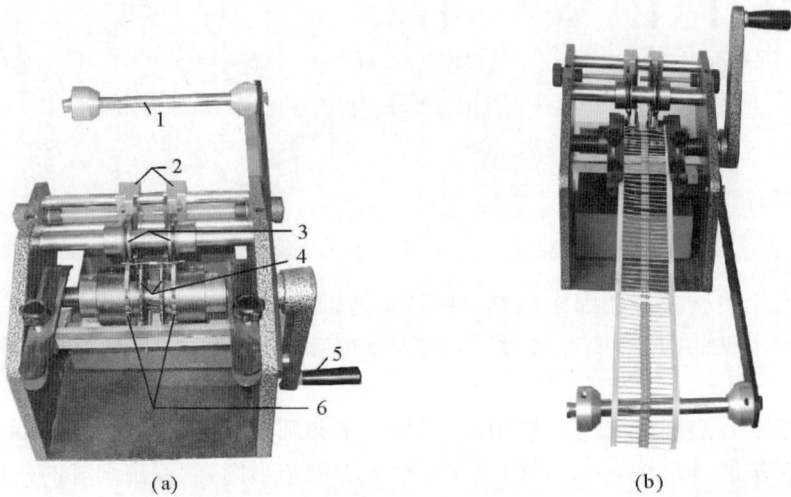

(a)　　　　　　　　　　(b)

图 5.2.3　散、带装电阻成型机 Creat—PCM1000

(a)散装时；　(b)带装时

1—带装电阻架；　2—成型刀；　3—切断刀；　4—成型齿轮；　5—手柄；　6—切断齿轮

2）电容切脚机 Creat － CCM1000 的操作。如图 5.2.4 所示，将电容放入电容切脚机上导轨插槽中，打开"电源""切刀开关""振动开关"，使电容慢慢朝左面刀口方向前进，调节振动强度，可以改变电容器的运动速度，当电容到达刀口时，可以切断电容引脚。

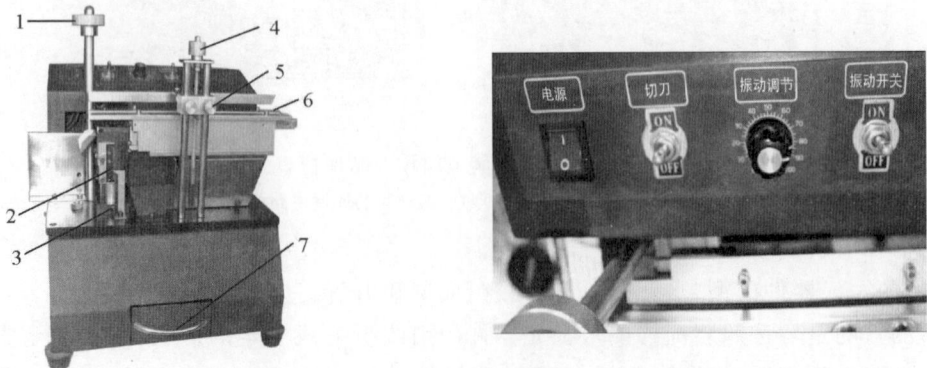

图 5.2.4　Creat － CCM1000 电容切脚机及控制面板

1—切脚长度调整旋钮；　2—切脚长度刻度尺；　3—切脚长度调整固定螺丝

4—电容压板调整旋钮；　5—压板调整固定螺丝；　6—电容器导轨；　7—废料盒

（3）手工操作。元器件成型和剪脚都可用手工操作进行,成型可使用圆头镊子进行操作,剪脚可使用斜口钳进行操作。例如,使用圆头镊子对无极性电容 C_1 进行成型,首先将管脚一端距封装 2mm 处折 90°弯,然后按 C_1 焊盘的孔距再折 90°弯,使两管脚的距离与焊盘的孔距相一致。元器件成型和剪脚后结果如图 5.2.5 所示。

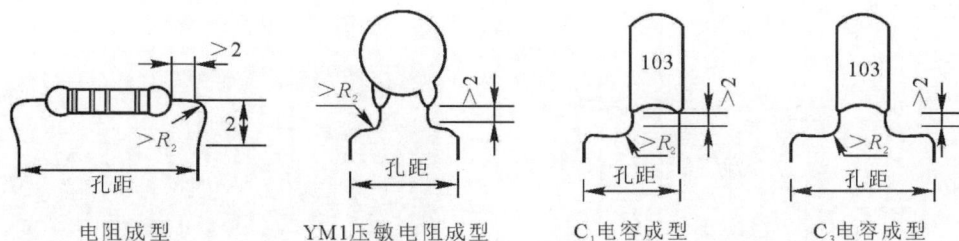

图 5.2.5　波峰焊接元器件引脚手工成型形状示意图（单位:mm）

三、手工插装元器件

如图 5.2.6 所示将电路板元件面朝上（即文字符号朝上）放入手推插件生产线上,调节手推插件线的手轮使电路板卡住不掉下去,且电路板还能在手推插件线上左右方向灵活移动。

图 5.2.6　手推插件生产线

手工插装元器件的具体位置参看电路板元件面文字符号或看装配图 5.2.7,装配效果参看图 5.2.8 所示装配完成的电路板元件面实物图。具体操作顺序如下:

（1）将短路线装入电路板两孔之间画水平或竖直线处,使其贴住印制板。短路线共有三根。

（2）将色环电阻按阻值标注装入电路板。注意:按照人们的读数习惯,数字环应在左边或在下边;为了便于器件的散热,色环电阻封装距电路板板面间距为 1.5～2.0mm。

（3）二极管按极性进行装配,带白色环标的为二极管的负极,将二极管的负极对准元件图形符号的负极,封装距电路板板面间距仍为 1.5～2.0mm。

（4）电解电容 C_2 带负端标记的一端朝电路板外沿,装入电路板标 C_2 处的焊盘孔中,在距封装 2mm 处将两管脚同时向电路板下方折 90°弯。

（5）将成型过的 C_1 装入电路板,在距封装 2mm 处将两管脚同时向电路板下方折 90°弯,使其浮在色环电阻 R_8,R_9 上且 C_1 上的标注字朝外能够看见。如此将 YM_1,C_3 装入,注意

YM$_1$,C$_3$ 倒向板面空无元件处即左边。

(6)将分流器 R$_{25}$ 装入电路板,使其紧贴电路板。注意管脚应伸出焊盘1～1.5mm,留出焊接位置。

(7)将保险夹装入电路板靠近下板边标 250V/0.5A 的焊盘孔中并将管脚相向板倒,使其贴住印制板焊盘。

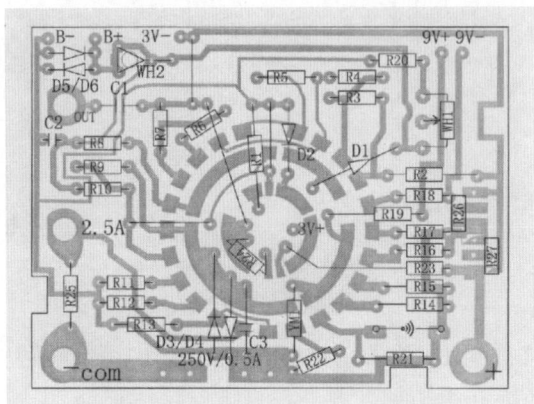

图 5.2.7 960 型万用表元件装配图

图 5.2.8 装配完成的电路板元件面实物图

四、波峰焊接机焊接

使用设备:Creat — WSM2000 全自动无铅波峰焊机,如图 5.2.9 所示。

图 5.2.9 Creat — WSM2000 全自动无铅波峰焊机

1. 波峰焊机使用的材料

波峰焊机所使用的焊料和助焊剂质量比例是有一定要求的,否则可能造成焊接质量的问题。

(1)焊料要求:焊料锡的质量分数为 63%,铅的质量分数为 37%,焊料中的杂质含量不应超过表 5.2.1 所列质量分数。

表 5.2.1　焊料中杂质的质量分数

杂质元素	铜	铁	锌	铝	砷	金	镍	磷	硫磺
允许的质量分数/（%）	0.03	0.02	0.005	0.0005	0.03	0.1	0.05	0.005	0.001

（2）助焊剂要求：扩展率大于 85%，含氯量小于 0.25%，绝缘电阻大于 $1 \times 10^{11} \Omega$，比例一般在 0.82～0.87g/mL。

2. 波峰焊机的装置与调节

如图 5.2.9 和图 5.2.10 所示，波峰焊机由入（出）板接驳装置、导轨宽度调节装置、自动助焊剂喷雾装置、预加热装置、波峰锡炉装置、出板冷却装置、自动洗爪装置、导轨角度调节装置、运输传动装置组成。

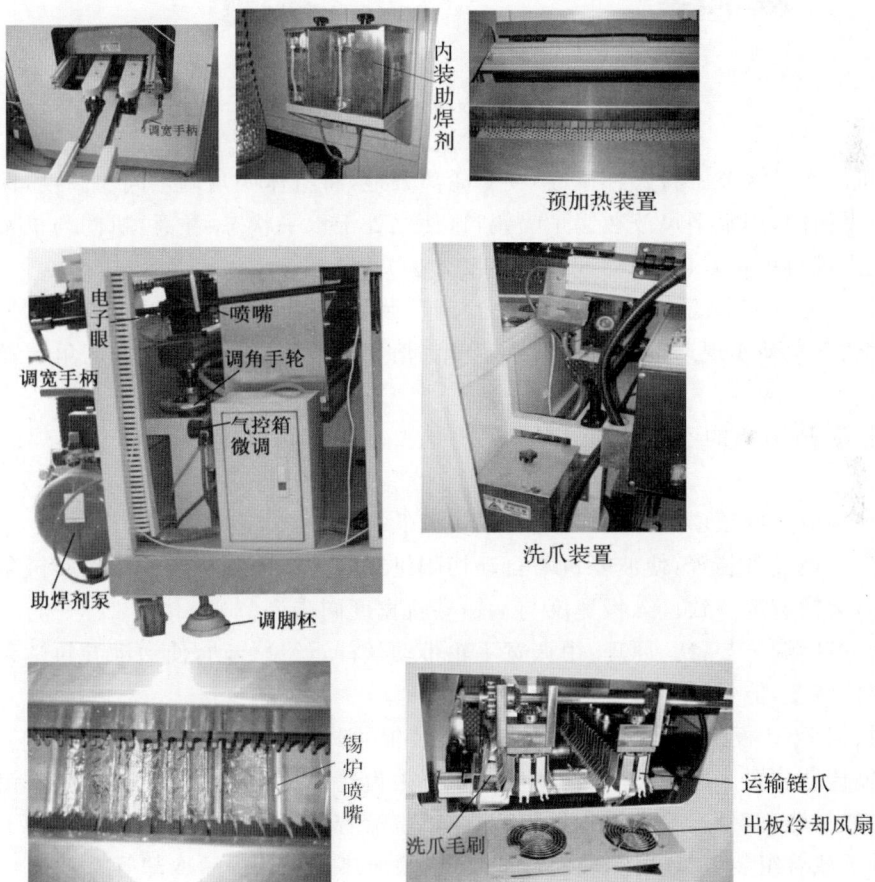

图 5.2.10　波峰焊机装置与调节

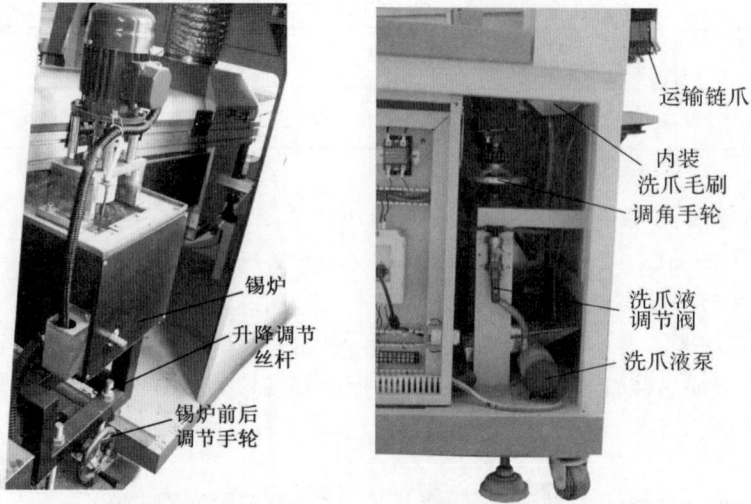

续图 5.2.10　波峰焊机装置与调节

(1)整机的水平调节。将脚杯调高,使脚轮离开地,将机体四角调至同一高度,保证机体四边处于同一平面内,用水平尺放在锡炉喷锡口,使之处于水平状态(注意:机门与机架的配合在调节时不能出现对角相差,否则会导致摩擦及无法关闭)。

(2)导轨角度调节装置。原理:导轨角度调节装置为调角手轮通过 90°传动支座带动丝杆、丝母作上、下运动实现运输导轨的角度调节。角度调节范围是 3°～7°。调角装置上下运动平稳,松紧一致。

调节:根据 PCB 板的不同设计与焊点的不同要求用调角手轮进行调节,锡焊的角度通常为 5°左右。

注意:如调节角度须增大时,必须先将锡炉调低,以免运输链爪顶压而受损。

(3)入(出)板接驳装置:使波峰机与自动切脚机或插件线顺利接续。用传动链条运送与运输装置连体,运输速度一致。入板宽度与运输导轨宽度同步调节。

(4)导轨宽度调节装置。原理:由调宽手轮带动丝杆,丝母传动,使活动导轨达到不同的宽度。导轨支撑装置,能保护导轨不变形。

调节:根据 PCB 板的宽度,用导轨宽度调节装置的调宽手柄进行调节。

(5)运输传动装置。原理:运输传动装置主要由齿轮减速马达、两支运输导轨(铝型材)、支撑运输导轨的付轨、两条运输链爪带等组成,链爪带沿着运输导轨在同一传动机构下作循环运动。运输链爪载着组装 PCB 板实现助焊剂涂覆、预加热、锡焊、焊后冷却等工艺流程。运输传动装置传动平稳,可靠,传动马达配备有过载保护装置和限力器自动分离装置。速度调节范围为 0.4～1.8m/min。

当传动机构因 PCB 板夹持太紧,润滑不够,异物卡死、松脱、摩擦等因素造成传动不稳定或卡死时,在这种情况下,本系统的限力链轮装置会迅速脱离系统,对传动马达无任何影响,操作人员应停机检查。注意:链爪切不可夹持太紧,太紧会造成链爪与印制板变形。

运输速度的调节:运输速度可通过控制面板的速度调节旋钮进行调节。

（6）自动助焊剂喷雾装置。原理:受控喷头在无杆气缸的带动下作往复式横向移动,受控喷头喷出的雾状物送到 PCB 板上,形成均匀的薄层焊剂,其雾化程度,喷雾宽度等均可连续调节。

调节:用控制面板打开"喷雾""运输"按钮,喷雾装置处于工作状态。当运输链爪夹持印制板运行时,经电眼测得,当印制板将至喷嘴上方时,喷嘴由气缸带动作横向来回移动,同时喷嘴开始喷雾。气缸横向移动的距离由移动电眼决定,喷嘴的高度位置可以调节喷嘴固定杆的高低来实现,喷嘴的雾状大小由气控箱的微调实现。喷雾装置上方的抽风罩内有一个过滤网,过滤网的作用是吸收雾状中的助焊剂及灰尘。为了保证良好的粉尘回收功能,滤网应每天清洗一次。

（7）预加热装置。原理:由一组红外线发热管组成的发热器,红外线穿透过滤网(根据需要)对印制板底面进行辐射。

预加热目的:

1）蒸发涂敷在印制板上的焊剂中溶剂,避免焊料,焊球飞溅到印制板上。

2）减少波峰锡炉的热能消耗。

3）减少热冲击,避免印制板在通过锡炉波峰时,出现变形和分层的现象。

4）降低印制板上的组装器件与焊料之间的温差,以减少元器件的损伤风险。

（8）波峰锡炉装置。

原理:由锡炉加热将锡熔化,通过波峰马达直接带动叶轮旋转,将喷腔里的锡升到一定高度,当组装元器件的 PCB 板经过时锡炉波峰便在涂有助焊剂的 PCB 板焊接面和元器件引脚间形成焊接连接。叶轮转速较低,减缓了炉腔内锡的搅和,降低了锡的氧化程度,能消除连焊、桥接、虚焊等焊接缺陷。

波峰高度的调节:双波峰机的波峰高度最高可达 10mm,第一波峰是三排排列较密的小锡支,能有效地消除气囊,漏焊等缺陷。第二波峰是 Ω 型,它的前调节板可调节流量及波形,后调节板可调节 Ω 波的大小及高度。波峰的高度由按键式控制面板来设定,然后通过变频调速器调节马达的转速而实现。

锡炉高度调节:锡炉与链爪之间的高度是通过调节丝杆,使四组铰链机构实现同步上下运动,达到使锡炉升降的作用的。在调节锡炉升降时,要根据组装 PCB 板上的元件管脚长短以及波峰高度进行调节,波峰高度超过夹持 PCB 板的下底面。在升降锡炉时,必须先调节好锡焊角度及波峰高度。

（9）自动洗爪装置。自动洗爪装置是确保运输链爪清洁,是保证焊锡质量的因素之一。

原理:自动洗爪装置是根据链爪传动运输 PCB 板的方式而设计的一种清洗链爪黏锡的装置。由一只泵将洗爪液箱内的清洗液(酒精)抽至洗爪器,把毛刷湿润,将链爪清洗干净。自动洗爪装置的清洗液采用循环回流式设计。

调节:液体流量通过调节阀来控制。注意调节阀不能开得过大以免使酒精溢出至机内从而造成火灾。洗爪液箱的容量应保持适量,若不够应及时补充。洗爪器的过滤网是用来盛装毛刷刷下的锡渣,每天应清除锡渣一次。

（10）出板冷却装置。印制板组装件经过锡炉焊接后,PCB 板及元器件的温度很高。当高温持续时间长时,易引起印制板变形及元器件的热损坏。出板冷却装置利用风扇使空气流动快速降低 PCB 板及元器件的温度。风量集中,风力平衡,无噪声。

3.波峰焊机的操作控制系统

波峰焊机的操作控制面板如图 5.2.11 所示。

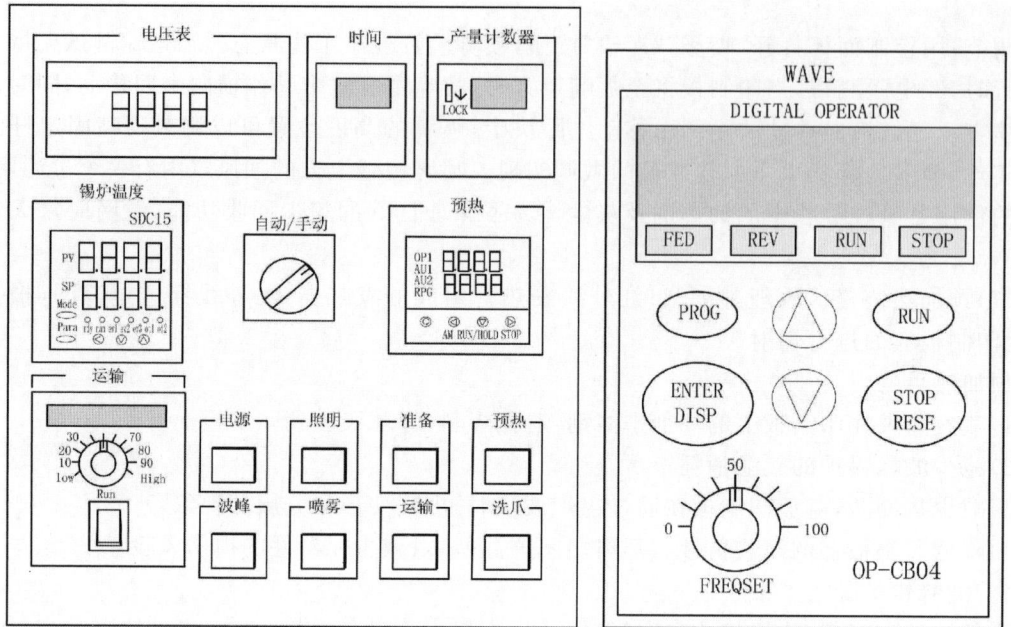

图 5.2.11　波峰焊机的操作控制面板

(1)电源总开关(设在操作面板上):用来切断及接通设备电气系统的供电电源,它具有电流过载和短路保护功能,如设备因意外而出现过载和短路时,将自动跳闸切断供电电源,使故障限制在最小范围内。

(2)三色指示灯:如图 5.2.12 所示,波峰焊机顶上的一杆式三色指示灯,分别指示控制电源(黄色)、操作允许(绿色)、故障(红色)等的状态,以便随时监视设备的运行情况。当锡炉温度未到达设定温度时,绿色指示灯不亮,此时电控系统禁止操作,以保护波峰马达及锡泵装置(因锡尚未熔化,锡泵叶轮不能旋转);锡炉温度达到设定温度后,绿色指示灯亮表示现在允许操作。当设备马达出现过载时,绿色指示灯灭红色指示灯亮表明马达发生过载故障,应立即停机检修。

图 5.2.12　指示信号

(3)急停按钮:在波峰焊机右上方和左上方两处各设有一个红色按钮,如图 5.2.12 所示波峰焊机右上方按钮,供紧急情况下使用。

(4)电压表:用一块交流电压表监测电网中的 R,T 两相之间的线电压。

(5)定时控制:定时控制采用超小型时间制,具有 2 天、5 天、7 天记忆程序,节假日预置,清零等诸多功能的配备,足以满足各种复杂的不同的使用场合。

(6)产量计数器:它是一个超小型液晶显示计数器,对每日的生产量自动进行实时统计。

管理人员可通过该计数器随时掌握生产进度,省事省力,迅速准确。对印制板的取样采用非接触式光眼开关来完成,对焊接过程毫无影响。

(7)温度控制:采用高性能温控仪表,对锡炉和预热器的温度进行精确的 PID 调节和控制,预置和显示。

(8)程序控制(自动控制):只须按一下"准备"按钮,程序将在最佳时刻将预热器自动投入升温准备阶段,使预热器与锡炉的温度在各自最短的准备时间内同时到达设定值。达到设定值后,该程序即自动启动冷却、洗爪等投入运行,同时发出声响信号通知有关人员设备已准备完毕,可以进行正式焊接。

(9)运输速度控制:速度控制采用电子调速器来实现对运输爪的无级调速,其调节方便,运行平稳可靠。

(10)启停控制:启停控制以操作按钮的形式来控制助焊剂喷雾,预热,波峰,运输,冷却,洗爪及准备等负载的启动与停止。

(11)启停指示:设备各马达以及预热等负载的启停状态分别采用微型指示灯来指示,某马达启动后,相应启动按钮的微型指示灯亮,反之灭。

(12)波峰控制:OP—CB04 操作控制面板进行波躺在高度的调整。

4. 波峰焊机设备的操作。

1)检查设备有无异常情况。

2)按下"电源"总开关,三色指示灯上的黄色灯亮,查看"电压表"指示值(380V)和"锡炉温度"指示值是否符合要求。

3)按下"准备"按钮,准备指示灯亮,准备完毕蜂鸣器声响,三色指示灯的绿色灯亮。

4)按下"准备"按钮,准备停止指示灯灭,声响信号停止。

5)按下"运输"按钮,同时助焊剂喷雾、冷却、洗爪等装置自动启动运行。按下"波峰"按钮,启动焊锡波峰。

6)调节导轨宽度调节装置的调宽手柄,使入板接驳装置和波峰焊锡机的导轨宽度与电路板宽度基本一致,将已完成插件工序的印制板放在入板接驳装置上匀速运动的导轨上。

电路板首先经过自动助焊剂喷雾装置,将助焊剂均匀地涂布到 PCB 上,然后经过预加热装置预热插好元器件的印制电路板部件,再经过波峰锡炉装置的锡槽喷嘴,使电路板的焊接部位与焊料波峰相接触,最后经过出板冷却装置冷却,形成焊点。

7)从出板接驳装置上取出电路板。

5.波峰焊机操作注意事项

(1)设备的使用操作,必须由专职人员(经过培训)按说明正确操作,其他人员不得随意操作。

(2)当刚开始加热或设定温度改变时,加热系统可能有超温报警现象,这种现象是正常的。

(3)当刚开始运输或运输速度改变时,请等 1~2min,因为运输系统是采用闭环控制的,需要一定的时间进行调整。

(4)焊接机应工作在洁净的环境中,以保证焊接质量。

(5)设备检修时,请关机并切断电源,以防触电或造成短路。

(6)如暂停使用,为保护设备,建议关断设备主电源。

(7)在使用时,不可同时按下 2 个以上按钮,否则有可能会产生误动作而影响工作。

(8)设备上的变频器,调速器出厂前已做好相应的参数设置,用户不能随意更改。

五、手动电路板切脚

使用设备:手动电路板切脚机 Creat—PCM1000 如图 5.2.13 所示。

图 5.2.13 Creat — PCM1000 手动电路板切脚机

1—切脚机安全护罩; 2—电路板推杆; 3—电路板导轨; 4—电源开关; 5—切刀盘升降手轮
6—电路板导轨宽度调节手轮; 7—出料口

使用前先根据电路板的宽度调整好电路板导轨的宽度,根据需要预留元器件引线的长度,调整切刀盘的高度。调整完成后,盖上切脚机安全护罩,打开电源开关,将电路板放入导轨内,用手推电路板推杆将电路板推到切刀盘切脚。切完一块电路板,将电路板推杆退回原位,再放另一块电路板重复进行。如果电路板较短,可以同时放入数块进行切脚。如果只切一块电路板,而且电路板较短,切完脚后电路板不能从料口中滑出,此时应关掉电源,打开安全护罩,用其他板子将其拨出。

安全警示:机器在工作过程中,安全护罩必须盖上不能打开。机器无论是在工作中还是静止状态都不应触摸圆盘切刀。切角过程中不可用手推动电路板,必须借助电路板推杆进行操作。

第 3 节 960 型指针式万用表的手工焊接和装配

一、手工焊接装配的元器件

拿到元器件后应对照图 5.3.1,进行元器件的清点和封装外形的识别,牢记元器件的外形特征。

二、元器件的处理与镀锡

为了焊接装配能够顺利进行,在焊接装配之前要进行一些准备工作。

1. 蜂鸣器的整形

将蜂鸣器管脚紧靠在印制板边缘,然后向外扳下管脚,使其紧贴印制板,如图 5.3.2 所示。

注意不要使管脚根部受力。

贴片电阻R$_{26}$,R$_{27}$	保险夹(2个)	电位器WH$_2$	表笔输入管(4个)	晶体管插管(6个)
电位器WH$_1$	蜂鸣器	3V小电池夹(2个)	9V电池夹(2个)	0.5A保险丝
3V大电池正负连接夹	电位器旋钮	电刷(刀)	塑线	

图 5.3.1　960 型指针式万用表手工焊接所使用的元器件封装外形

2. 给蜂鸣器和贴片电阻焊盘镀锡

贴片电阻焊盘如图 5.3.3 所示位置深色部位小的是贴片电阻的两组焊盘,大的是蜂鸣器的一组焊盘。如图 5.3.4 所示,用烙铁蘸少量焊锡,烙铁斜面冲下,点抹焊盘。除蜂鸣器负极焊盘可稍多加点焊锡外,其余焊盘镀锡应薄且均匀平整。如果锡多并不平整,应将板面竖起来,用烙铁斜面抹去多余焊锡。

图 5.3.2　蜂鸣器的整形图

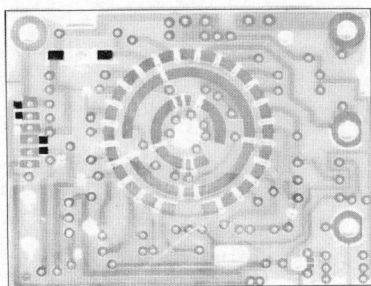

图 5.3.3　蜂鸣器焊盘的镀锡

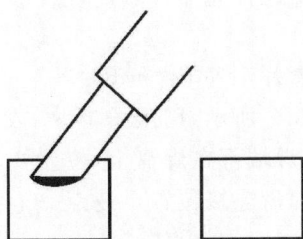

图 5.3.4　贴片电阻焊盘位置

3. 电池夹、输入管和三极管插管的处理

将电池夹、输入管在如图 5.3.5 所示阴影处,用锯条刮去镀层,以便镀锡。三极管插管只用将如图阴影处打毛即可。注意输入管应从距端头 1/4~1/3 高度处用锯条断面顺着管子刮,刮完观察其均匀度,没刮掉的地方,再细刮。

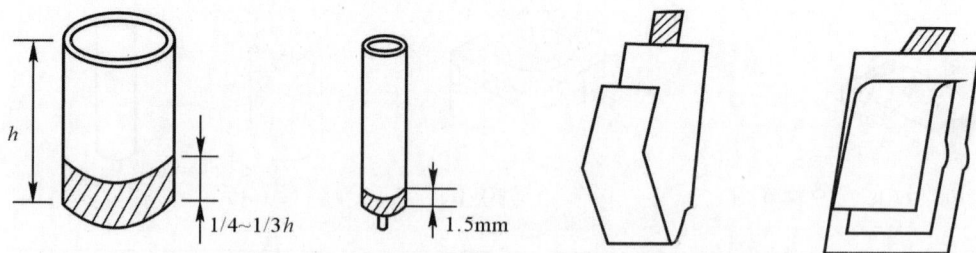

图 5.3.5　电池夹、输入管和三极管插管的处理部位

4. 电池夹、输入管的镀锡

输入管的镀锡如图 5.3.6(a)所示,将焊锡丝像蛇一样竖起来,一手用钳子夹持输入管的一端,一手用烙铁斜面接触输入管阴影处进行加热,阴影处另一边接触竖着的焊锡丝。当焊锡熔化时,使输入管在焊锡丝上转动,直到输入管阴影处被熔化的焊锡所覆盖,然后蹾去多余焊锡。注意在整个转动过程中,烙铁应对输入管持续加温,不要离开输入管。

给电池夹的镀锡如图 5.3.6(b)所示,先将焊锡丝放在电池夹阴影处,然后烙铁斜面冲下点抹焊锡于阴影处。

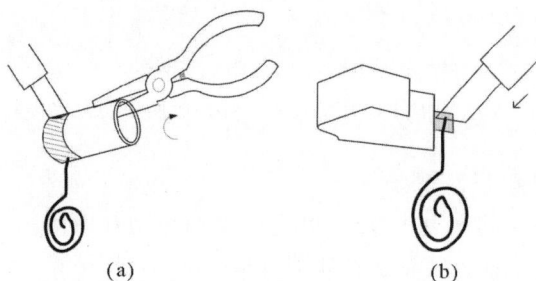

图 5.3.6　电池夹、输入管镀锡图
(a)输入管镀锡图;　(b)电池夹镀锡图

三、手工装配焊接元器件

手工装配焊接元器件具体位置参看电路板元件面文字符号或参阅装配图 5.3.7。具体操作顺序如下:

1. 装焊贴片元件 R_{26} 和 R_{27}

如图 5.3.7 所示,用镊子将 R_{26} 或 R_{27} 有字的一面(黑面)朝上,放入电路板 R_{26} 或 R_{27} 焊盘之间,使两个焊端都在焊盘上,位置要端正。如图 5.3.8 所示,用烙铁斜面蘸一点焊锡,朝其一个焊端与焊盘连接位置迅速点一下,固定住元器件。然后用压锡斜点焊的方法焊接另外一端,最后修复固定端焊点。

图 5.3.7　贴片元件 R_{26} 和 R_{27} 的装配

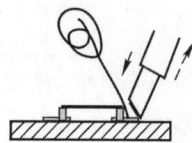

图 5.3.8　贴片元件 R_{26} 和 R_{27} 焊接

2. 焊跨接塑线

跨接塑线应选最短的一根塑线,跨接塑线过长时,如图 5.3.9 所示,从跨接塑线一端,将跨接塑套长短与板面上画斜线的两个焊盘孔的连接线的孔距进行比较并在塑线上用指甲做记号,用斜口钳从记号处向端头让出焊接装配长度约 5～10mm 的位置剪去。用烙铁斜面背面在跨接塑线一端记号位置圆周上烫一圈,然后捋掉塑套,注意不要将铜丝抽出,使塑线报废。将多股线头用手指旋转捻紧并用烙铁镀锡。

将跨接塑线从元件面两端分别插入板面上画斜线的两个焊盘孔中进行焊接。

3. 装焊输入管、三极管插管。

如图 5.3.10 所示,将镀过锡的输入管从元件面插入电路板最大的焊盘孔中,如果插不动,用烙铁顶住输入管在元件面一端,当温度上升到输入管上的焊锡融化时,用力朝过顶,使输入管在元件面一端与电路板元件面平齐,然后从 X,Y 两个方向观察校正使其垂直与电路板板面。焊接时,如图 5.3.11 所示,将烙铁圆斜面朝向输入管接触焊盘和输入管,尽量使烙铁圆斜面与输入管接触面积增大,将焊锡丝放在焊盘和输入管交接处,当焊锡融化时,顺着焊盘和输入管交接处移动焊锡丝;当焊盘和输入管交接处都被焊锡所填充时,移去焊丝,然后电烙铁以与输入管成 45°角方向快速移去。由于输入管的散热面积比较大,因而一定要有足够的加热时间,否则很容易造成焊点表面不光滑的缺陷。

将三极管插管从焊接面分别装入电路板 R_{26},R_{27} 附近并排的 6 个焊盘孔中,装到位并使其垂直于电路板板面。如图 5.3.12 所示,用烙铁加热三极管插管及其焊盘,尽量使烙铁圆斜面与三极管插管接触面积增大,在烙铁对面三极管与焊盘交接处放入焊锡丝,当焊锡丝融化时,烙铁略带锡后撤一点,让焊锡流过三极管插管到插管焊盘的另一端,可返回再来一次,直到焊锡充满三极管的焊盘,最后电烙铁以与三极管成 45°角方向迅速移去。

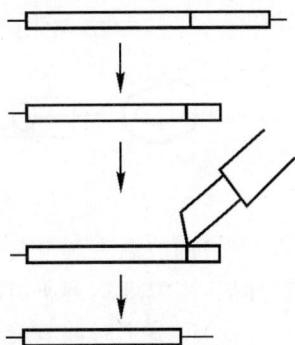

图 5.3.9　跨接塑线处理

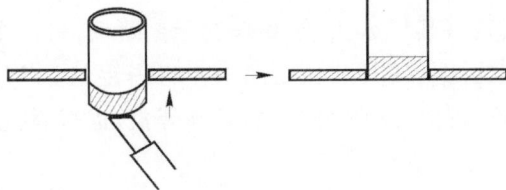

图 5.3.10　装配输入管

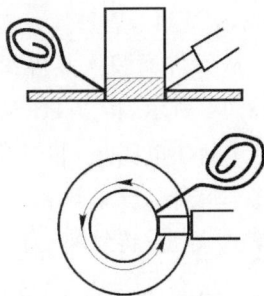

图 5.3.11　焊接输入管

4. 清洗和烘干

使用设备:超声波清洗机 Creat—UCM1000,如图 5.3.13 所示。操作:

(1)在清洗槽内,按比例放入清洗剂,注入水或溶液,水位不得低于 60mm。

(2)将需要清洗的电路板放入清洗网架中,再把清洗网架放入清洗槽中。

(3)按下电源开关,绿色指示灯亮,表示电源接通。

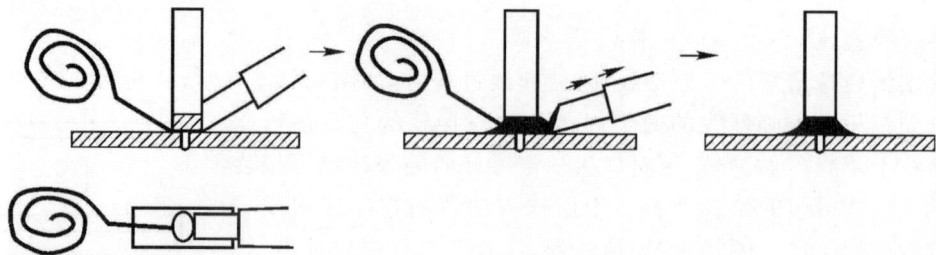

图 5.3.12　焊接三极管插管

(4)调节温度调节旋钮设置所需的温度,当温度低于所需温度时,温度指示灯亮,加热器自动加热,当温度达到所需温度时,温度指示灯灭,加热器停止工作。

(5)调节定时调节旋钮设置定时时间,根据产品清洗要求一般设置在 10～20min。

(6)清洗完后,从清洗槽内取出网架,并用温水喷洗或在一个无溶剂的温水槽中漂洗。

(7)漂洗完后,用吹风机干燥。注意:风力均匀,距离不要太近,以免烫伤元器件。

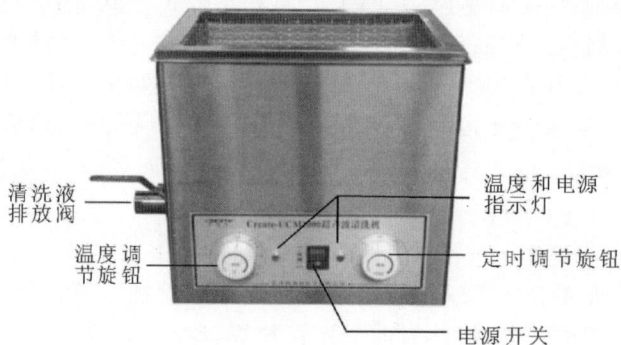

图 5.3.13　超声波清洗机 Creat — UCM1000

5.焊电位器 WH_1,WH_2,蜂鸣器

将 WH_2 从元件面装入其焊盘孔,装到位,对 3 个管脚分别进行焊接。

如图 5.3.14 所示,将 WH_1 从焊接面装入其焊盘孔,使其垂直于电路板,将两个固定脚相向内扳倒,使其贴住电路板,将三个管脚也扳倒,使其贴住电路板。将焊锡丝从 WH_1 管脚下送入焊盘与管脚交接处,电烙铁从 WH_1 管脚外面接触 WH_1 管脚和焊盘,进行焊接,以使熔化的焊锡充满整个焊盘,将管脚一圈整个包围。

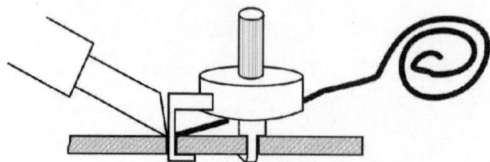

图 5.3.14　装配焊接电位器 WH_1

图 5.3.15　装配焊接蜂鸣器

如图 5.3.15 所示,将管脚整形好的蜂鸣器装好,注意极性,烙铁斜面冲下,点压负端焊盘

使焊盘上多余的焊锡泛上覆盖蜂鸣器管脚,正端焊盘可用烙铁蘸焊锡斜面冲向下点一下。注意不要烫伤蜂鸣器的塑料外壳。

　　6.焊电源线和电池夹

　　将最长 1 根塑线的一端从元件面插入电路板上标 3V＋的焊盘孔中,进行焊接。将其余 3 根短塑线从元件面分别插入电路板上标 9V＋,9V－和 3V－的焊盘孔中进行焊接。

　　将 3V＋,3V－塑线另一端分别焊到 3V 电池夹处理过的小端头上。将 9V＋,9V－线另一端分别焊到 9V 电池夹处理过的小端头上。

　　手工装配焊接完成后电路板如图 5.3.16 所示。

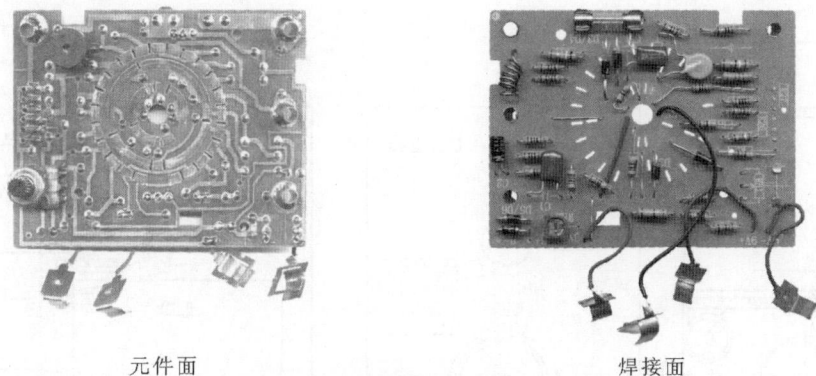

元件面　　　　　　　　　　　　　　　　焊接面

图 5.3.16　手工装配焊接完成的电路板实物图

四、检查与评分

　　评分之前要求学生先严格进行自我检查,互相检查,班组检查,养成良好的检查习惯。发现问题应及时进行修理,如果无能力进行,可请求同学和老师指点或帮助,不要造成更大的问题。确信没有问题时,方可拿给老师检查并进行评分。

　　评分按照焊点的质量、装配的正确性和规范性、板面干净程度、固定触点铜箔的污染程度、引线和管脚剪后的高低等进行评定。

五、总装

　　表头的装配如图 5.3.17 所示。

　　(1)先在表头装旋钮的钜齿形大圆槽内侧分散 3 处点一点黄油,以保证挡位转换开关旋钮转动的灵活性。

　　(2)在挡位转换开关内旋钮侧面的小圆孔内装入弹簧。

　　(3)在弹簧上装钢珠。

　　(4)压住钢珠使钢珠陷入小圆孔内,顺势将内旋钮装入钜齿形大圆槽内。

　　(5)压住转换开关内旋钮,同时旋转内旋钮将中心轴上的“小槽”转到竖直或水平位置,将转换开关外旋钮中心孔内的“小棱”对准内旋钮的中心轴上的“小槽”,下压装入外旋钮。注意操作时压住内旋钮的手不能放开,否则弹簧和钢珠就会飞出。外旋钮中心孔内的“小棱”和内旋钮的中心轴上的“小槽”一定要对准,否则挡位转换开关会错位。

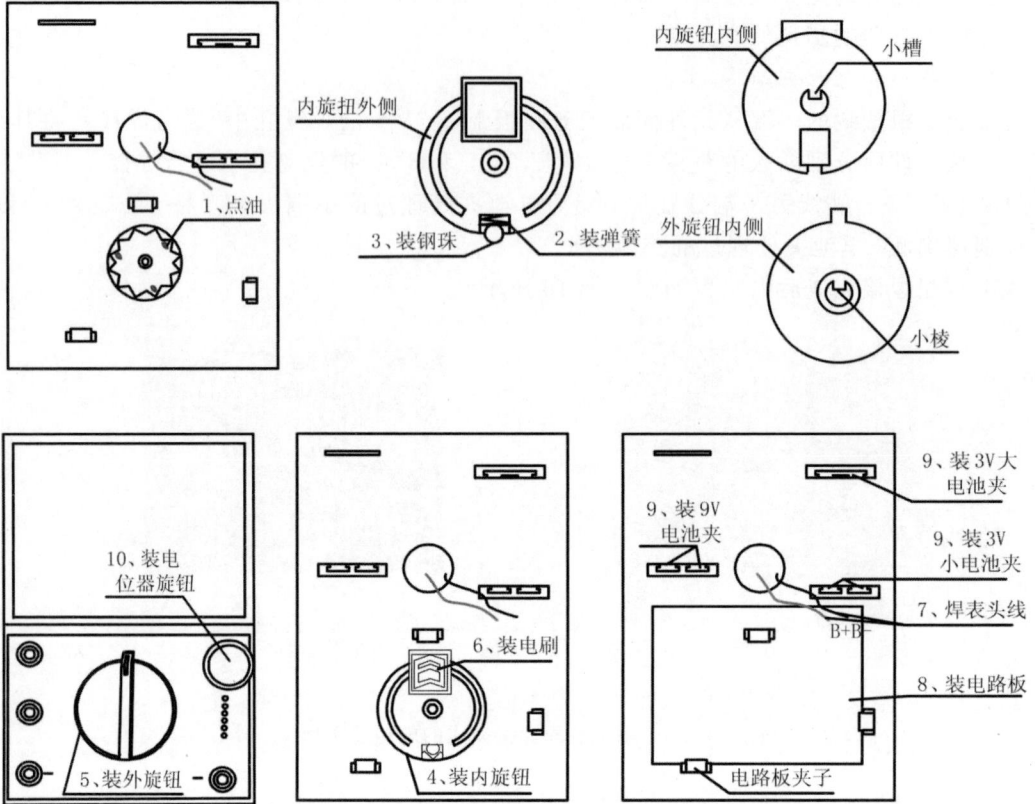

图 5.3.17　表头的装配图

（6）将电刷距离近的两个接触条靠外装入内旋钮上的方形槽内,用手轻轻压一下,抬起来使其卡住。

（7）将红、黑两根表头线分别装入电路板 B＋和 B－处,进行焊接。

（8）将电路板的输入管和三极管插管装入表头上孔内,将电路板下压同时将下边黑卡子用手外拨,然后松手,将电路板卡住,再如此将侧边和上边黑卡子卡住电路板。

（9）将 3V＋,3V－电池夹分别装入右侧标有“＋”,“－”号的槽内,9V＋,9V－电池夹分别装入左侧标有＋,－号的槽内,3V 大电池夹插入 3V＋,3V－电池夹对面的大槽内。注意电池夹＋,－不能装错。

（10）如图 5.3.18 所示,将标牌上的不干胶纸去掉,将标牌套入外旋钮,对好 3 个笔表孔,使 OFF 在最上端,然后贴住。注意贴平和贴准。注意确定表头没问题时方可贴标牌。

（11）将电位器调零旋钮对好位置,一手食指压住电路板,拇指压住电位器调零旋钮,将电位器调零旋钮装到位。压住电路板是为了防止电位器铜箔脱落或产生裂纹。

（12）如图 5.3.18 所示,在标牌标有“＋”处装入红表笔,在标有“－”处装入黑表笔。

（13）将万用表后盖下边的两个浅槽呈 90°对准表头内侧下边两个黑卡子,然后将后盖合上表头,观察是否到位,否则重装,最后拧上后盖螺钉。

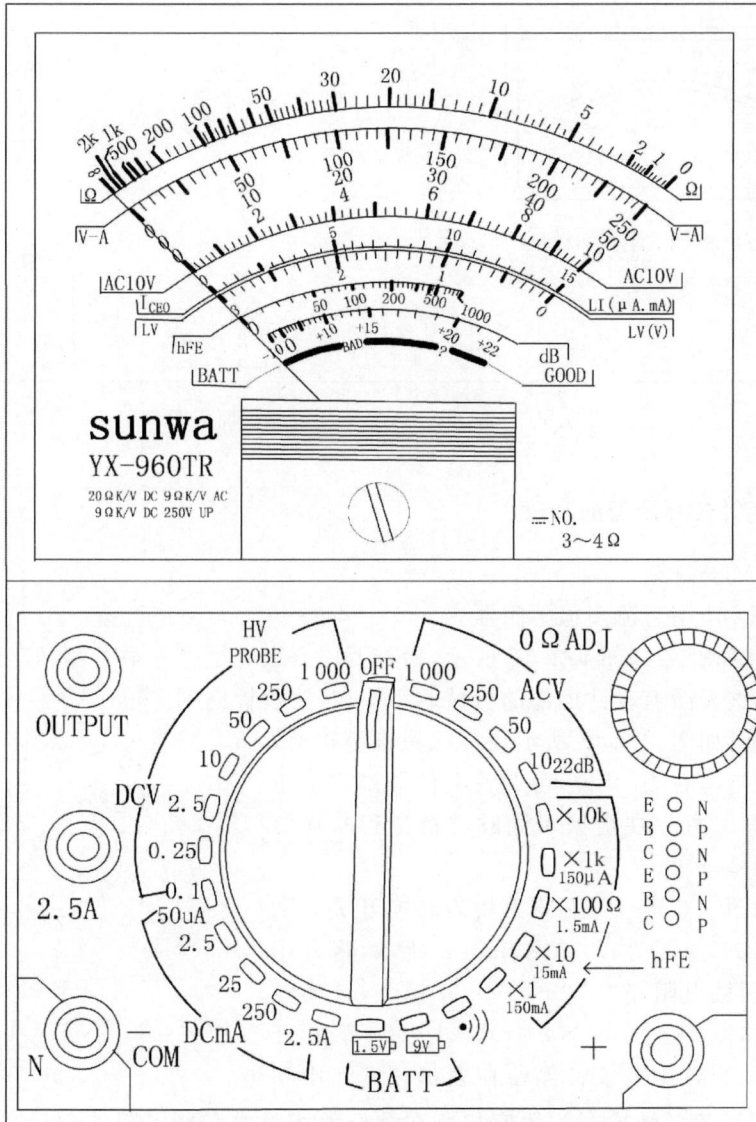

图 5.3.18　960 型指针式万用表面板图

第 4 节　960 型指针式万用表的调试、测试与误差分析计算

一、960 型指针式万用表的调试

使用仪器：DO30－A 型三用校验仪。

操作：如图 5.3.18 所示，将万用表打"50μA"挡。如图 5.4.1 所示，将三用校验仪打"DC""50μA"挡，将万用表红表笔插三用校验仪"＋"插孔，黑表笔插三用校验仪"＊"插孔，调整 WH_2 使测量仪器指针指向 50μA 挡。

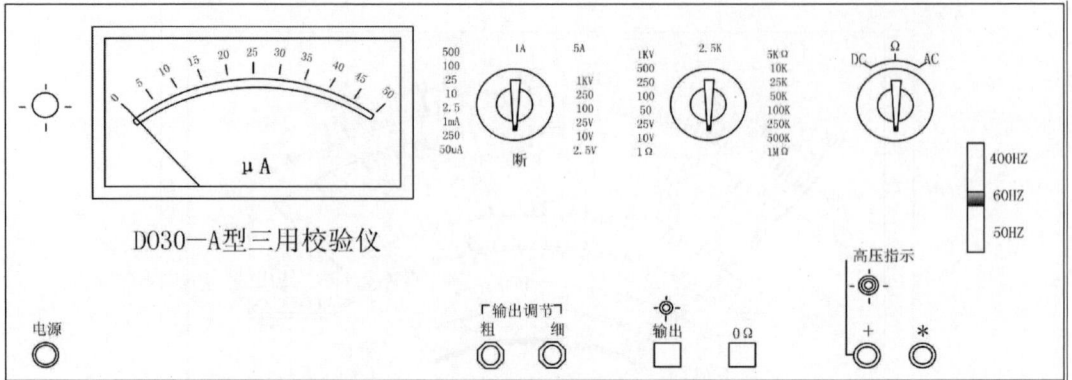

图 5.4.1　DO30－A 型三用校验仪面板图

二、960 型指针式万用表的测试

1. 电阻 OHM 挡测试

使用设备：ZX21 型直流多值电阻器。

操作：(1)机械调零：如图 5.3.18 所示，检查万用表表针是否在最左侧"0"处。当表针不在"0"处时，可以调整表面上表针根部的机械调零旋钮，使表针回到零位。

(2)电气调零：如图 5.3.18 所示，将红、黑表笔接通，此时表针若不能指向右侧"0"位，可调整电位器调零旋钮使表针指向右侧"0"处。在更换不同欧姆挡量程时均要重新进行电气调零一次。

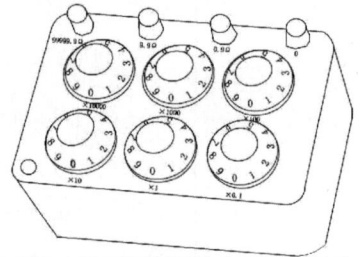

图 5.4.2　ZX21 型直流多值电阻器

(3)测量：如图 5.3.18 所示，将万用表转换开关分别打×1，×10，×100，×1k 挡。如图 5.4.2 所示，将万用表红、黑表笔分别接电阻箱"0""99 999.9"插头，转换电阻箱"×0.1，×1，×10，×100，×1 000，×10 000"转换开关选取一个阻值，当万用表表针停留在表盘刻度弧中间 1/3 范围时，将电阻箱各转换开关数值与所在挡位值相乘之和所得阻值记录在表 5.4.1 电阻挡真值一栏，将万用表刻度盘的第一条刻度线的数值与转换开关挡位值相乘所得阻值记录在表 5.4.1 电阻挡测量值一栏。

测量时，注意手不要碰到两表笔，否则会将人体电阻并联入内。

2. 直流电流 DCA 挡的测试

使用仪器：DO30－A 型三用校验仪。

将万用表转换开关分别打"DCmA"的"50μA，2.5mA，25mA，250mA"挡，将三用校验仪转换开关分别打"DC"的"50μA，2.5mA，25mA，500mA"挡，将万用表红表笔插三用校验仪"＋"插孔，黑表笔插三用校验仪"＊"插孔，调整三用校验仪使万用表指针分别指向表盘刻度弧的左边 1/3 范围、中间 1/3 范围、右边 1/3 范围的某一刻度，其中 50μA 挡万用表电流数值见表 5.4.1 测试值一栏分别为 10μA，25μA，45μA。读出指针在三用校验仪上的刻度值，将其分别记录在表 5.4.1 直流电流真值一栏，读出指针在万用表刻度盘的第二条刻度线"V－A"的刻度值,将其分别记录在表 5.4.1 直流电流挡测量值一栏。

表 5.4.1　960 型万用表测试数据记录表

挡位＼项目		测试值	真值	相对误差	引用误差	准确度等级
直流电流挡	50μA	10				
		25				
		45				
	2.5mA					
	25mA					
	250 mA					
直流电压挡	10V					
	50V					
	250V					
交流电压挡	10V					
	50V					
	250V					
	1 000V					
电阻挡	×1Ω					
	×10Ω					
	×100Ω					
	×1kΩ					

3. 直流电压 DCV 挡的测试

使用仪器：DO30－A 型三用校验仪。

将万用表转换开关分别打"DCV"的"2.5V，10V，50V，250V，1 000V"挡，将三用校验仪转换开关分别打"DC 的"2.5V，10V，100V，250V，1kV"挡。红表笔插三用校验仪 "＋"插孔，黑表笔插三用校验仪"＊"插孔，调整三用校验仪使指针分别指向万用表表盘刻度弧的左边 1/3 范围、中间 1/3 范围、右边 1/3 范围的某一刻度。读出指针在三用校验仪上的刻度值，将其分别记录在表 5.4.1 直流电压真值一栏，读出指针在万用表刻度盘的第二条刻度线"V－A"的刻度值，将其分别记录在表 5.4.1 直流电压挡测量值一栏。

4. 交流电压 ACV 挡测试

使用仪器：DO30－A 型三用校验仪。

将万用表转换开关分别打"ACV"的"10V，50V，250V，1 000V"挡，将三用校验仪转换开关分别打"AC"的"10V，100V，250V，1kV"挡。红表笔插三用校验仪 "＋"插孔，黑表笔插三用校验仪"＊"插孔，调整三用校验仪使指针分别指向万用表表盘刻度弧的左边 1/3 范围、中间 1/3 范围、右边 1/3 范围的某一刻度。读出指针在三用校验仪上的刻度值，将其分别记录在表 5.4.1 直流电压真值一栏，"10 V"挡读出指针在万用表刻度盘的第三条刻度线"AC10V"的数值，"50V，250V，1 000V"挡，读出指针在万用表刻度盘的第二条刻度线"V－A"的数值。将其分别记录在表 5.4.1 交流电压挡测量值一栏。

三、960 型指针式万用表的误差分析与计算

实训要求：按表 5.4.1 所记录的测量值、真值计算各组测试数据的相对误差，引用误差和准确度等级。

1. 仪表的测量误差分类

仪表的测量误差分为系统误差、偶然误差和疏忽误差。

系统误差：由于测量设备缺陷、测量仪器不准、测量方法不完善以及不正确的测量习惯引起的误差，又可分为基本误差、附加误差、方法误差和人身误差。

偶然误差：又称随机误差，它是由偶发原因出现的一种大小和方向不确定的误差，可通过多次测量来削弱随机误差对测量结果的影响。

疏忽误差：由测量人员粗心疏忽造成的严重歪曲测量结果的误差。例如，读错、记错等，在处理测量数据时，应被剔除。

2. 960 型万用表的误差分析

(1)由于万用表的内阻产生的误差。万用表在测量直流电压时与被测线路并联，其内阻会产生分流作用，从而产生误差。内阻越大，从被测线路分取的电流就越小，测量电压误差就越小。灵敏度或量程越大，内阻越大，误差减小，但量程选择太大，表针偏转角太小，又增大了读数误差。

万用表在测量电流时与被测线路串联，其内阻会产生分压作用，从而产生误差。内阻越小，从被测线路分取的电压就越小，测量电流的误差就越小。

(2)读数误差。由于人的视觉引起的误差叫读数误差。选择大刻度盘的万用表可以减小读数误差；选择万用表较小挡位可以减小读数误差，读数时使指针与刻度盘上反射镜内的指针影像重合能减小读数误差。

3.960 型万用表的测量误差的计算与准确度等级的评定

$$绝对误差＝测试值－真值$$
$$相对误差＝绝对误差/真值$$
$$引用误差＝绝对误差/量程$$

最大引用误差在±1％内,准确度等级为 1。

最大引用误差在±1.0％～±1.5％,准确度等级为 1.5。

最大引用误差在±1.5％～±2.5％,准确度等级为 2.5。

最大引用误差在±2.5％～±5％,准确度等级为 5。

四、960 型万用表的故障排除

1. 对 960 型万用表的故障排除的要求

指针式万用表的常见故障见表 5.4.2,要求学生能够对照表 5.4.2 独立排除指针式万用表的常见故障。对于复杂故障或很少发生的故障,由学生提供故障名称,老师进行分析,找出故障原因,再由学生进行排除。

表 5.4.2 指针式万用表的常见故障

故障名称	故障原因
蜂鸣器不响	蜂鸣器接反,电池接反,电刷损坏,蜂鸣器坏
蜂鸣器响,电阻挡指针不动	电刷接反、WH_1 虚焊或焊盘铜箔脱落
蜂鸣器不响,电阻挡指针不动	电刷未安装好、电刷坏、松香落在固定触点铜箔上造成绝缘,表笔不通、三极管插管处铜箔脱落、保险丝烧断
电阻挡调不到零	D_3,D_4 击穿、R_{20} 阻值焊错、WH_1 损坏或虚焊、电池电压不足
交流电压挡表针反偏	D_1 接反
交流电压挡表针半偏	D_2 接反或击穿、保险击穿碳化
电压挡测试值偏大	R_3 和 R_{20} 焊错、电路板受潮

2.960 型万用表常见故障查找方法

(1)故障概率法。故障概率法是依据故障的发生概率首先检查概率高的故障。

指针式万用表依据故障的发生概率,第一是机械装配引起的故障,如由于电刷或电池装配错误或未装配到位引起的故障。第二是与面板有关的元件焊接不端正引起的故障,如 WH_1、三极管插管、输入管装配歪斜,不垂直于电路板板面,在强行将电路板装配到表头上时造成 WH_1、三极管插管、输入管焊盘铜箔脱落或有裂纹,WH_1 内部电刷接触不良。第三是元件焊接错误引起的故障,如焊错色环电阻和二极管极性焊错。

(2)比较法。用正常的万用表与有故障的万用表进行比较,比较元器件有无装错,极性有无装反。

(3)不通电直观观察法。在不通电的情况下,直接观察可能出现的故障部位来确定故障原因。

例如,蜂鸣器响,电阻挡指针不动时,观察电刷是否接反,如果电路板已经装好,可从电路板侧面进行观察。检查 WH_1 焊点有无虚焊,附近铜箔有无脱落或裂纹。

（4）通电观察法。在测量电流或电压时，此时电路处于通电状态，注意观看是否由于打错挡造成保险丝或电阻的烧断，保险丝有无断开，有无发黑，电阻有无发黑。如果打错挡还可能造成保护二极管 D_3，D_4 的击穿。

（5）不通电测量法。在电源未接通的情况下，用万用表进行通断测量。通常采用依寻印制板线路走向，逐一排除，以锁定故障位置。960 型万用表电阻挡指针不动，使用万用表依下面顺序进行测试点的测量，如图 5.4.3 所示。

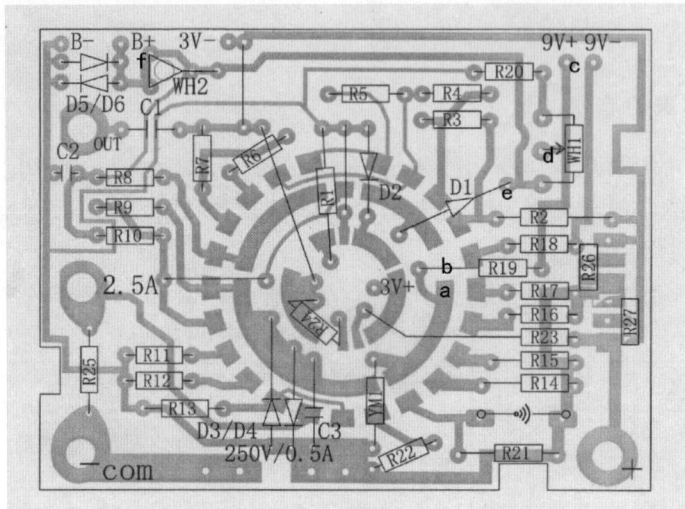

图 5.4.3　依寻印制板线路走向排除故障

1）测量 OHM2 铜箔"a"点与 R_{19} 左侧引线"b"点应导通。

2）测量 R_{19} 左侧引线"b"点与 R_{19} 右侧引线所连焊盘"c"点阻值为 48kΩ（即 R_{19} 阻值）。

3）测量 R_{19} 右侧引线所连焊盘"c"点与 WH_1 中间管脚"d"点应导通。

4）测量 WH_1 中间管脚"d"点与 WH_1 下端管脚所连焊盘"e"点电阻在 0～12kΩ。

5）测量 WH_1 下端管脚所连"e"点与 WH_2 中间管脚所连焊盘"f"点应导通。

从上可知，在测试点的选择上是有讲究的，应将焊点尽可能的包含在内，这样即检查了元器件质量，又检查了焊点和电路板上铜箔的连接情况。

（6）系统分析法。通过分析具体电路的电路原理结构来查找故障原因。

万用表有电阻、直流电压、直流电流、交流电压四大主要测量功能。通过对万用表的电路结构分析可以将电路分成这样的五个部分：基本测量电路和四大功能测量电路。四大功能测量电路相互独立，它们包括了各自的分流、分压电阻，因此当某一个测量功能有问题时不会影响到其他的测量功能。基本测量电路分别和这四大功能测量电路是串联连接，它包括了表头测量支路的表头，WH_2、D_5、D_6、C_2 以及表头的分流支路电位器 WH_1、电阻 R_{20}、转换开关部件（含电刷），基本测量电路出问题时就会影响到其他各个测量功能的正常工作，因此当某单一测量功能有问题时，只需在这个测量功能相关的电路中查找问题，如果四大测量功能都不正常就要在基本测量电路中查找问题。

虽然检查故障的方法很多，需要在实践中灵活运用，检查故障一般应遵循先易后难、先简单后复杂、先故障率高的后故障率低的、先直观检查后测量分析的原则。

第6章

印制电路板的制作

第1节　印制电路板的定义、组成和分类

一、印制电路板的定义和组成

在绝缘基材上,用导体材料按照预先设计好的电路原理图,设计、制成印制线路、印制元件或两者组合的导电图形的成品板,称为印制电路板(Printed Circuit Board,PCB)。

印制电路板由基板、印制导线、装配焊接电子元器件的焊盘组成。印制电路板在电子设备中有下述功能。

(1)提供各种元器件固定、装配的机械支撑;

(2)实现板内各种元器件之间的布线和电气连接或电绝缘,提供所要求的电气特性及特性阻抗等;

(3)为印制板内的元器件和板外的元器件连接提供特定的连接方法;

(4)为元器件组装、检查、维修提供识别字符和图形;

(5)为自动锡焊提供阻焊图形。

二、印制电路板的分类

根据不同的目的印制电路板有很多种分类方法,现在介绍两种分类方法。

1. 根据印制板基材分为有机印制板和无机印制板

常用印制板都是有机印制板,主要由树脂胶黏剂、增强材料和铜箔三种材料构成,因此又叫覆铜板。它是用增强材料,浸以树脂胶黏剂,通过烘干、裁剪、叠合成坯料,然后覆上铜箔,用钢板作为模具,在热压机中经高温高压成形加工而制成的。

增强材料有玻璃纤维布、玻璃毡或纸等,因此有机印制板根据板的增强材料不同又可划分为纸基、玻璃纤维布基、复合基等,复合基其面料和芯料由不同增强材料构成。

有机印制板根据所采用的树脂胶黏剂不同分为:酚醛树脂,环氧树脂、聚酯树脂、聚四氟乙烯树脂和其他特殊性树脂。

纸基覆铜板和环氧玻璃纤维布覆铜板是目前使用最普遍的覆铜板。纸基覆铜板在家电、显示器、CD唱机、低档小仪器等电子产品中得到广泛的应用。但是其易吸水,在恶劣环境和高频条件下不宜使用,主要有:FR—1,FR—2(酚醛树脂),FR—3(环氧树脂)和聚酯树脂。环氧玻璃纤维布覆铜板是覆铜板所有品种中用途最广、用量最大的一类。随着电子产品向轻、薄、短、小、数字化方向发展,许多使用纸基覆铜板的电子产品逐步改用玻璃纤维布铜覆板,主要有:FR—4(环氧树脂、不阻燃),FR—5(耐热环氧树脂、保留热强度不阻燃)。

无机印制板由陶瓷、金属铝等材料构成,通常所说的厚薄膜电路就是采用陶瓷基板,无机印制板广泛用于高频电子仪器中。

2.根据印制板导电结构分为单面印制板、双面印制板和多层印制板

单面印制板是仅有一面有导电图形的印制电路板,如图6.1.1所示,焊接面有印刷导线和焊盘,这些都覆有铜箔,其余部分无覆铜箔;元件面无覆铜箔,但有元器件图形和文字标识;贴片元器件只能装在焊接面,通孔插装元器件一般装在元件面。单面印制板适用于电性能要求、器件安装密度都不高的收音机、电视机、仪器仪表等产品。

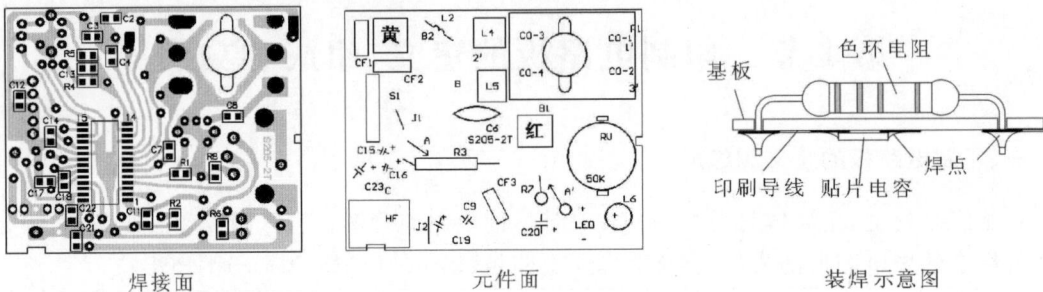

焊接面　　　　　　　　　元件面　　　　　　　　　装焊示意图

图 6.1.1　单面印制板

双面印制板是板子两面上均有导电图形的印制板,如图6.1.2所示,双面印制板要通过使用金属化过孔(Via)将两面的线路相连接起来,一般一面装贴片元器件,一面装通孔插装元器件。双面印制板适用于电性能要求、器件安装密度较高的通信设备、计算机等产品。

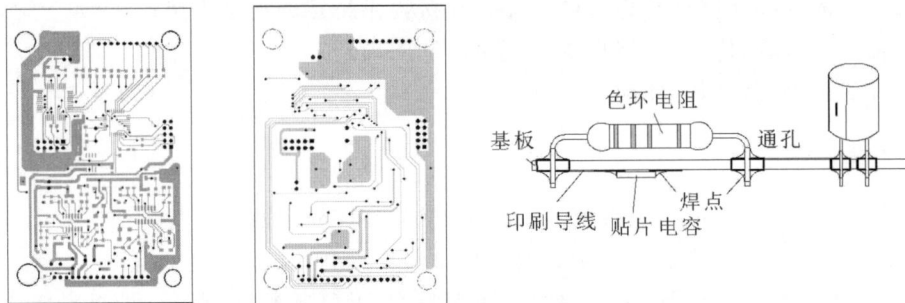

图 6.1.2　双面印制板图

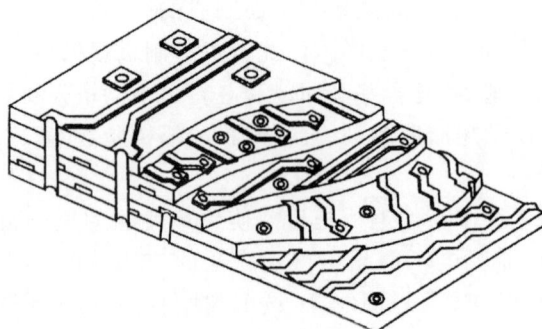

图 6.1.3　多层印制板示意图

如图6.1.3所示,多层印制板由两层以上导电图形与绝缘材料交替黏接在一起,通过层压

而制成的印制板。多层板要求层间导电图形按需要通过盲孔、埋孔和通孔互相连接。多层板经常使用数个双面板,并在每层板间放进一层绝缘层后黏牢压合而成。广泛使用的是四、六、八层电路板,大部分的计算机主机板都是 6～8 层的结构,不过理论上是可以做到近 100 层的。

第 2 节　小型印制电路板制作系统的工艺流程

小型印制板制作系统是专门为电子产品实训而设计的一套实训设备,它可以进行单面板和双面板的制作。小型印制板制作系统通常采用的板材为纸基覆铜板或环氧玻璃纤维布覆铜板。本章将电路板制作工艺与设备操作工艺和底图的制作分开来讲,以避免较多内容的重复,希望在看电路板制作工艺流程时,参看设备操作工艺和底片的制作方法。下面叙述小型印制板制作系统的操作工艺流程。

一、热转印法制作单面印制板

热转印法制作印制板的工艺流程:

(1)绘制底图:用 Protel 或者其他制图软件,设计并绘制好印制电路板图。

(2)打印底图:将热转印纸用砂纸打毛,用激光打印机把印制电路板图打印在热转印纸上。注意:热转印纸上的印制板图形和所需要的印制板图形是镜像关系。

(3)裁板:按照需要选择覆铜板板材类型,用手动剪板机剪下一块四边比印制电路板图实际尺寸大 5～10mm 的覆铜板。

(4)抛光:将覆铜板经过抛光机处理干净,再用细砂纸磨掉边沿毛刺。

(5)数控钻孔:将绘制好的印制板图文件导入数控钻应用程序,用数控钻打孔。也可以在电路板腐蚀完成后在台钻上手工打孔。

(6)将打印好的热转印纸有静电墨粉的一面面向覆铜板覆盖在覆铜板上,再在曝光机上仔细观察,尽可能使覆铜板上的每一个孔处于转印纸上焊盘的中心。如图 6.2.1 所示,将热转印纸超出覆铜板的两边紧贴覆铜板折向背面,用耐热胶带(美纹纸)固定好。

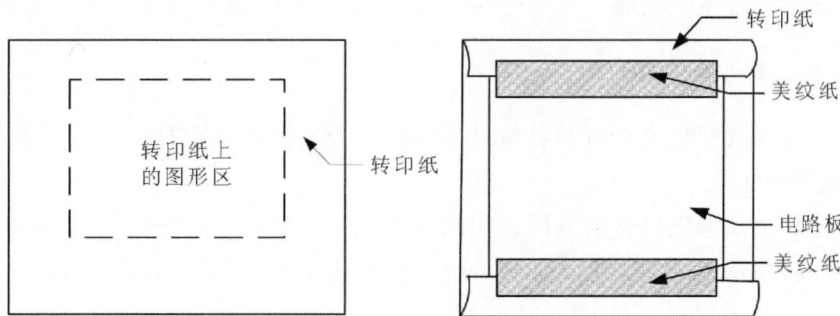

图 6.2.1　固定热转印纸

(7)将贴有热转印纸的覆铜板送入热转印机。稍候片刻,覆铜板将从转印机的后部送出。待其温度下降后,转印纸上的图形已被转印在覆铜板上。小心地将热转印纸从覆铜板上揭起一角观察,如果转印不好可再转印一次,如果转印得好,可将热转印纸慢慢从覆铜板上全部揭起。最后如仍有较小缺陷,可用油漆笔进行修补。

(8)用不锈钢金属挂钩将热转印好的覆铜板悬挂在全自动多槽腐蚀机内进行腐蚀。注意随时观察腐蚀的程度,以防腐蚀过头出现较多麻点。

热转印法具有制作速度快、制作成本低的特点,但它有许多缺点。由于采用打印机出图,图形分辨率比较低,不能进行精度较高的电路板制作;由于打印机碳粉对热转印纸附着力较低,因而打印的图容易产生小块缺失;由于打印机碳粉对铜箔保护能力差,铜箔蚀刻后易出现麻点。尽管如此,但它仍然不失为一种制作普通精度单面电路板的好方法。

二、制作文字丝网

(1)感光胶的配置。向感光胶瓶中倒入 10mL 清水,摇动待感光剂充分溶解后,将其倒入感光胶瓶并充分搅拌均匀,盖紧瓶盖并静置 1h。待感光胶中气泡基本溢出后,方可使用。

(2)丝网的清洗与晾干。选择 120T 丝网,准备一小勺洗衣粉,先将丝网布的两面全部用水浸湿,再在两面均匀抹上洗衣粉,用手或干净抹布在两面洗擦,直到丝网布的两面水流不成股、成滴,能均匀分布为止,然后将丝网自然晾干。

(3)丝网感光胶的印刷。将感光胶倒在刮胶器上,并均匀分布在刮胶器的刮刀口,将丝网框与地面成 60°角,刮胶器与丝网成 45°角,从下往上单向用力均匀地在丝网上刮上一层感光胶,翻转丝网框,在丝网的另一面如上所说刮上感光胶。待两面感光胶基本晾干后,再在第一次刮的基础上补刮一次,以确保感光胶层均匀,并具有一定的厚度。

注意:印刷感光胶用力要适当,切忌来回刮胶,单面刮胶的时间不能过长。

(4)将涂上感光胶的丝网自然晾干。

(5)丝网曝光。在曝光机上,将字符菲林底片覆盖在丝网涂感光胶的位置上,用曝光机进行曝光。曝光机抽真空时间 15s 左右,曝光时间 60s 左右。

(6)丝网显影。取出曝光后的丝网框,将其放入清水槽中浸泡 2min 后,用高压水冲洗。使丝网图形充分显现。

注意:操作须在暗室中完成。

三、用感光油墨制作双面板

(1)制作菲林底片。将 Protel 软件设计好的印制板文件用激光打印机打印在菲林纸或者菲林膜上形成菲林底片。

(2)裁板。用手动裁板机裁出一块比印制板图实际尺寸大 5～10mm 的双面覆铜板。

(3)钻孔。将须钻孔的印制板文件导入计算机钻孔应用程序 Create—DCD3000 控制与计算机相连的数控钻床钻孔。

(4)抛光。用抛光机对覆铜板进行抛光。抛光后用吹风机吹干多余水分。

(5)金属化过孔。在金属过孔机中对覆铜板上的孔壁进行金属化处理。

(6)抛光。金属化过孔后,用抛光机对覆铜板进行抛光,抛光要轻,防止损坏金属化过孔。抛光后用吹风机吹干多余水分。

(7)刷顶层和底层线路油墨。选择 90T 丝网,在丝网印刷机上,给覆铜板的表面印刷上一层线路感光油墨,印刷完后,将覆铜板平放静置 5min。

(8)烘干。用烘干机烘干覆铜板上的油墨,温度为 75℃,时间为 5～20min。感光油墨不黏手就可以了。

(9)曝光。在曝光机上,将线路菲林底片覆盖在覆铜板上并使覆铜板上的每个孔都处于菲林底片上每个焊盘的中心。用曝光机进行曝光,曝光时间为 60s。

(10)显影。在 1%的碳酸钠(Na₂CO₃)溶液中冲洗。

作用:将没有曝光的油墨部分除去,得到所需的电路板图形。

操作:1)配显影液。将 2 000mL 干净自来水装入盒中,取 20g 显影粉倒入其中并摇动,即按 1%的比例配置好显影液,用加热器加热到 40℃ 左右。

2)显影。将感光后的覆铜板放入显影盒中,晃动,图像渐渐显现,待图形全部显出后,仔细进行检查,用牙刷刷洗没有去除干净的油墨残余,直到图像全部呈现出来,然后用水冲掉显影液。

3)修板。如果有曝光的油墨部分脱落,可用油漆笔进行修补。

注意:要严格控制显影液的浓度、温度和时间,以防显影不净。显影时,时间不能太久,否则油墨就会全部脱落。为了保护皮肤,可戴手套进行操作。

(11)镀锡。用化学镀锡机给显影过的覆铜板镀锡,电流约 1～1.5A/dm²,时间以 15min 左右为宜。

(12)去油墨。在浓的氢氧化钠(NaOH)溶液中将剩余油墨去除。

原因:经过镀锡后留下的油墨全部都要去掉才能露出铜箔,而这些铜箔都是非线路部分。

操作:把氢氧化钠(NaOH)溶液倒入盒中,双手戴上手套在氢氧化钠(NaOH)溶液中刷洗覆铜板,大约 6min 左右去掉电路板上经过镀锡后留下的全部油墨,然后用清水将氢氧化钠(NaOH)溶液冲洗干净。

注意:氢氧化钠是强碱,一定要戴橡胶手套操作,为防止溅入眼睛,可戴上眼镜。

(13)腐蚀。在全自动多槽腐蚀机内将线路以外的非线路部分铜箔去掉,留下锡保护的线路图形。

(14)抛光。在抛光机上对印制板轻轻抛光,抛光后用吹风机吹干多余水分。

(15)刷阻焊油墨。配阻焊感光油墨(阻焊油墨要加固化剂,阻焊油墨∶固化剂=7∶3),选择 51T 丝网作为阻焊丝网,在丝印机上换阻焊丝网并给覆铜板的表面印刷上一层阻焊感光油墨。

(16)烘干。将刷好阻焊油墨的覆铜板平放静置 5min 后,用烘干机烘干(75℃,30min)。

(17)曝光。在曝光机上将阻焊菲林底片覆盖在覆铜板上并使覆铜板上的每个孔都处于菲林底片上每个焊盘的中心,然后用曝光机进行曝光,曝光时间设置为 120s。

(18)显影。在 1%的碳酸钠(Na₂CO₃)溶液中刷洗阻焊油墨,显出阻焊图形。

操作:同步骤(10)。

(19)烘干。用烘干机烘干覆铜板,温度为 150℃,时间为 45min。

(20)刷文字油墨。在丝印机上换文字油墨和文字丝网,给覆铜板的表面印刷上白色文字的油墨。

(21)烘干。用烘干机烘干电路板,温度为 150℃,时间为 30min。

四、用感光油墨制作单面板

(1)制作菲林底片。将 Protel 软件设计好的印制板文件用激光打印机打印在菲林纸或者菲林膜上形成菲林底片。

(2)裁板。用手动裁板机裁出一块比印制板图实际尺寸大出 5～10mm 的单面覆铜板。

(3)钻孔。将须钻孔的印制板文件导入计算机钻孔应用程序 Create－DCD3000 控制与计算机相连的数控钻床钻孔。

(4)抛光。用抛光机对覆铜板进行抛光。抛光后用吹风机吹干多余水分。

(5)刷线路油墨。在丝网印机上,给覆铜板的表面印刷上一层线路感光油墨,印刷完后,将覆铜板平放静置 5min。

(6)烘干。用烘干机烘干覆铜板上的油墨,温度为 75℃,时间为 15～20min。感光油墨不黏手就可以了。

(7)曝光。在曝光机上,将线路菲林底片覆盖在覆铜板上并使覆铜板上的每个孔都处于菲林底片上每个焊盘的中心。用曝光机进行曝光,曝光时间为 60s。

(8)显影。在 40℃左右 1‰的碳酸钠(Na_2CO_3)溶液中冲洗,操作方法同双面板。

(9)腐蚀。在全自动多槽腐蚀机内将线路以外的非线路部分铜箔去掉,留下锡保护的线路图形。

(10)去油墨。在浓的氢氧化钠(NaOH)溶液中将剩余油墨去除。

原因:经过腐蚀后留下的油墨全部都要去掉才能露出铜箔,而这些铜箔都是线路部分。

操作:把氢氧化钠(NaOH)溶液倒入盒中,双手戴上手套在氢氧化钠(NaOH)溶液中刷洗覆铜板,大约 6min 电路板上经过镀锡后留下的全部油墨,然后用清水将氢氧化钠(NaOH)溶液冲洗干净。

注意:氢氧化钠是强碱,一定要戴手套操作,为防止溅入眼睛,可戴上眼镜。

(11)抛光。在抛光机上对印制板轻轻抛光,抛光后用吹风机吹干多余水分。

(12)刷阻焊油墨。配阻焊感光油墨(阻焊油墨要加固化剂,阻焊油墨:固化剂＝7:3),在丝印机上换阻焊丝网并给覆铜板的表面印刷上一层阻焊感光油墨。

(13)烘干。将覆铜板平放静置 5min 后,用烘干机烘干(75℃,30min)。

(14)曝光。在曝光机上将阻焊菲林底片覆盖在覆铜板上并使覆铜板上的每个孔都处于菲林底片上每个焊盘的中心,然后用曝光机进行曝光,曝光时间设置为 120s。

(15)显影。在 40℃左右 1‰的碳酸钠(Na_2CO_3)溶液中刷洗阻焊油墨,显出阻焊图形,操作方法同双面板。

(16)烘干。用烘干机烘干覆铜板,温度为 150℃,时间为 45min。

(17)刷文字油墨。在丝印机上换文字油墨和文字丝网,给覆铜板的表面印刷上白色文字的油墨。

(18)烘干。用烘干机烘干电路板,温度为 150℃,时间为 30min。

上述单面板的制作方法的原理为用线路油墨作为抗蚀剂来保护线路铜箔,然后再进行腐蚀形成导电图形。与双面板相比,省去金属化过孔、镀铜、镀锡等工序,适于目前训练常用的单板面的制作,工序简单,成品率高,容易掌握。

第 3 节　小型印制板制作系统设备操作工艺

一、SHP 热转印机

通过 Create－SHP 热转印机(见图 6.3.1)将打印在热转印纸上的图形转移到覆铜板上,利用含有树脂的静电墨粉代替感光油墨、显影材料,操作简单、制板快捷。

操作步骤:

1.启动转印机

接通电源,按机器右侧面的一个红色启动按钮 2s,电源自动启动,电源指示灯 RUN 常亮,进入工作状态。

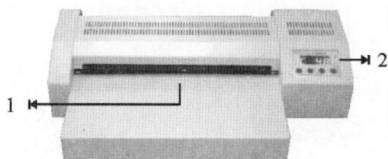

图 6.3.1　SHP 热转印机
1—进料口;　2—控制面板

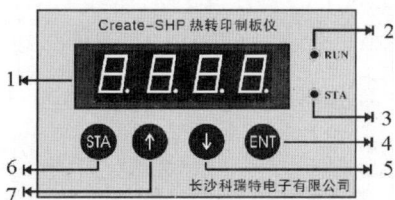

图 6.3.2　SHP 热转印机控制面板
1—数码管显示;　2—RUN 指示灯;　3—STA 指示灯;
4—ENT 键;　5—↓键;　6—STA 键;　7—↑键

2.温度设置

如图 6.3.2 所示,按"STA"键数码显示字符"C",进入温度设定状态,通过"↑"键或者"↓"键调至所需温度值,点按"ENT"键保存,一般温度设定为 170~180℃。当显示温度比设置温度高出 4℃时,加热指示灯(红灯)灭,此时可热转印。

3.转速设置

温度值设置后,数码显示字符"N"进入转速设置状态,通过"↑"键或者"↓"键调至所需转速值(单位:r/min),点按"ENT"键保存,进入工作控温状态。一般转速设定为 1.8r/min。

4.印制板转进/出设置

点按上行键"↑"键,显示"－ － － －",按"ENT"键,覆铜板可以前行转出。点按下行键"↓"键,数码显示"－ － － －",按"ENT"键,覆铜板可以后退转出。

5.按键式关机

按"ENT"键,数码显示字符"OFF",再常按"ENT"键,此时显示延时过程"40,30,20,10",当蜂鸣器报警时即可以松开"ENT"键,机器进入关机状态。当温度低于 150℃时,自动切断电源。

注意:(1)用热转印机时,热转印机应通风良好,周围不要放置易燃物品,以免引起火灾。

(2)覆铜板上的转印纸和美林纸应贴平,以防转印时翘起引起火灾。

(3)发现起火应立即寻找最短路径,按"↑键"或"↓键",退出覆铜板。无法恢复时,可关机。

(4)关机时一定要采用按键式关机,让机器自动切断电源,切勿直接关闭设备的总电源,否则会造成胶辊局部受热时间过长导致胶辊变形损坏。

二、手动剪板机

手动剪板机如图 6.3.3 所示。

操作：向左移动定位尺到待裁剪尺寸并锁定定位尺。提起压杆，将待裁剪的覆铜板置于裁板机底板并靠近标尺，将覆铜板往后端平移一定距离。左手压板，右手将压杆压下，即可轻松地裁好板。

注意：裁板时勿将手放入上下两个刀片之间。

原理：利用上刀片受到的压力及上下刀片之间的狭小夹角，将夹在刀片之间的材料剪断。

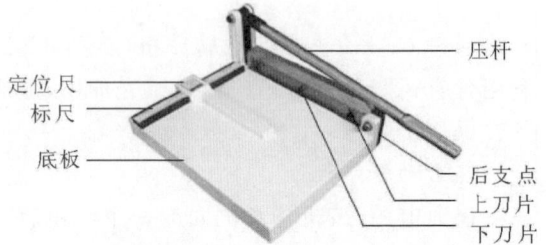

图 6.3.3　手动剪板机

三、Create—DCD3000 数控钻床

Create—DCD3000 数控钻床如图 6.3.4 所示。

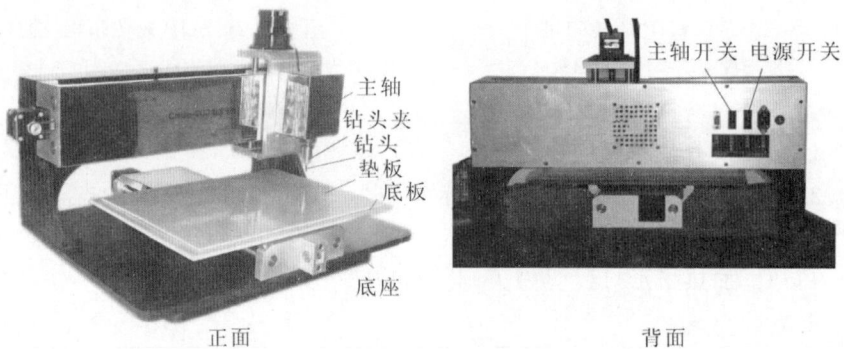

正面　　　　　　　　　　　背面

图 6.3.4　Create—DCD3000 数控钻床

启动 Create—DCD3000 应用程序，将 PCB 文件导入，在如图 6.3.5 所示工具栏内，输入板厚和串口。然后点"输出"按钮出现如图 6.3.6 所示"输出控制"操作窗口。

图 6.3.5　工具栏

将待钻孔的覆铜板平放在数控钻床的垫板上的钻床有效钻孔区域内，分别拖动 X 轴主机和 Y 轴底板，将钻头移动到覆铜板右下角位置，使钻头距离两个板边都约为 10mm。用单面胶带将覆铜板固定在垫板上。

打开"电源开关"，按下"设置原点"按钮，钻孔平面的原点即设置好。如果需要微调原点的位置,可在按下"设置原点"前按"主轴左移""主轴右移""底板前移""底板后移"来完成原点位置的调整。

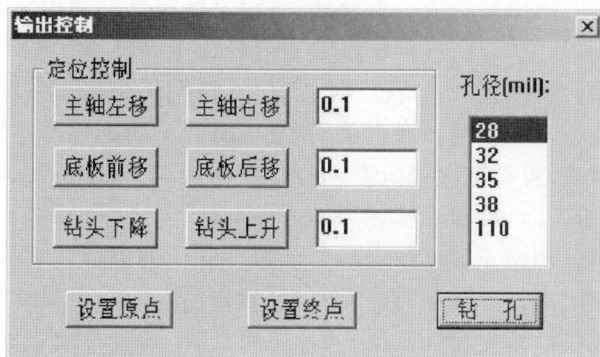

图 6.3.6 "输出控制"操作窗

完成原点定位后,应立即完成终点的定位,本数控机床的终点定位是自动完成的,即按下"设置终点",数控钻根据导入的 PCB 文件信息自动获取 X,Y 轴偏移量并自动移动到终点位置,终点设置动作即完成。

设置完原点、终点后,按顺序选择所需钻孔的孔径,即开始分批钻孔。钻孔前,应先按下"钻头下降"或"钻头上升"来调整钻头的高度,使钻头尖距离待钻的覆铜板平面的垂直距离在 1.5mm 左右,然后打开"主轴开关"使钻头运转,按下"钻孔",即开始第一批孔的钻取。后续孔径的钻取无须重新定位,只须关闭"主轴开关",升高钻头,更换所需规格钻头并选择对应规格孔径,重新打开"主轴开关",按下"钻孔"按钮即可,但要注意换钻头中途钻床"电源开关"不能关,否则会引起主轴在 X,Y 方向产生移动从而失去了定位基准。

四、Create—BFM1000 全自动线路板抛光机

Create—BFM1000 全自动线路板抛光机如图 6.3.7 所示。

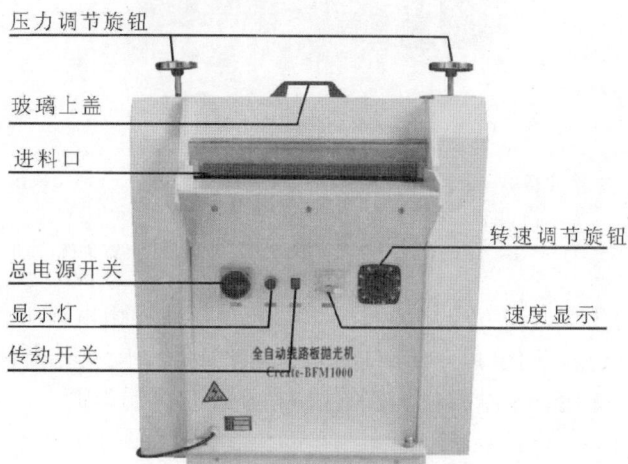

图 6.3.7 Create—BFM1000 全自动线路板抛光机

作用:对覆铜板进行抛光,去除板面氧化物、油污、折皱、钻孔毛刺、有机杂质和无机污物等,使铜箔表面无氧化、平整,增强感光油墨的附着力,保证感光油墨印刷的均匀性。

操作:开启水阀,查看喷出的水流是否畅通,水流不畅或干刷易损坏刷辊。打开"总电源开关"启动刷辊,启动"传动开关"。将覆铜板平放在送料台上,轻轻用手推送到位,随后传动组件将自动完成传送,同时刷辊转动进行抛光。抛光完毕,覆铜板会自动弹出到出料台上。抛光机不再使用时,先关闭"传送开关",数秒后再关闭"总电源开关",刷辊停止转动后,关闭水阀。

若抛光机压力不合适,可调节抛光机左、右两侧"压力调节旋钮"。增大压力时,旋钮往标识"紧"方向旋转;减小压力时,旋钮往标识"松"方向旋转。

根据不同材料的板材和抛光程度要求对传动速度和压力进行调整。

注意:如果材料太脏,出现表面黏有胶质材料、油墨、机油等,先对材料进行人工预处理,以免损坏机器。使用抛光机前要先接通水源,水压不可太大,保证排水正常即可。多块覆铜板进行抛光时,相互之间要保留一定的间隙。操作时应防止将覆铜板以外的东西卷入抛光机内。转速旋钮不可旋转角度过大,以防损坏抛光机。

五、MHM2000 金属过孔机

MHM2000 金属过孔机如图 6.3.8 所示,金属过孔机具有预浸、活化 、微蚀、加速 、电镀五个反应槽。

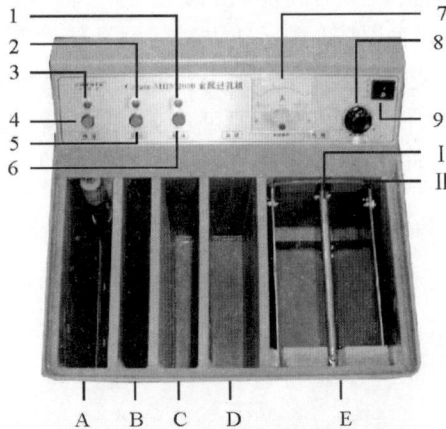

图 6.3.8 MHM2000 金属过孔机

1—微蚀指示灯; 2—活化指示灯; 3—预浸指示灯; 4—预浸按钮; 5—活化按钮; 6—加速按钮;

7—电流表; 8—电流可调旋钮; 9—电源开关;

A—预浸; B—活化; C—微蚀; D—加速; E—电镀; Ⅰ—电镀负极; Ⅱ—电镀正极

作用:通过一系列化学处理方法在覆铜板非导电基材通孔中电镀一层铜。预浸的目的是除油,除氧化物,调整电荷;活化(黑孔)的目的是让纳米碳粒依附在孔内;微蚀的目的是除去表面碳粒;加速的目的是优化分子结构;电镀的目的是在孔壁内均匀镀上一层光亮、致密的铜。

操作步骤如下:

1.通电准备

打开电源开关,通过系统自动检测后,进入等待启动工作状态,预浸指示灯快速闪动,预浸液开始加热,当加热到适宜温度时,预浸指示灯长亮,同时蜂鸣器发出"嘀、嘀"两声,表示预浸工序已准备好。

2. 预浸（约 5min）

观察孔内壁是否有孔塞现象，若有孔塞，则用细针疏通。

将钻好孔的双面覆铜板用细的不锈钢丝穿好，放入预浸液中，按动"预浸按钮"，开始预浸工序，此时预浸指示灯呈现亮和灭的周期性变化，当工序完毕时，蜂鸣器将长鸣，表示预浸工序完毕，此时按一下"预浸按钮"，蜂鸣器将停止报警，并等待再次启动工作。

将覆铜板从预浸液中取出，用清水冲掉药水残留，敲动几下，将孔内的积水除净，保证孔的通透性。

3. 活化（又叫黑孔）（2min）

将预浸过的覆铜板放入活化液中，按"活化"按钮，开始活化工作，活化完毕后，将覆铜板轻轻抖动 1min 左右取出。

将板在地上敲动 1~2min，使多余的活化液溢出，防止塞孔。

4、热固化

将活化过的覆铜板置于烘干箱（温度为 100℃）内进行热固化 5~10min。

5. 微蚀（2min）

将热固化后的覆铜板放入微蚀液中，按动"微蚀"按钮，开始微蚀工序，2min 后微蚀完毕。

将覆铜板从微蚀液中取出，用清水冲净表面多余的活化液。

6. 加速

按动"加速"按钮，将微蚀后的覆铜板放入加速液中摆动几下，取出。将板在地上敲动 1~2min，去除孔内水分，使孔通透。

7. 镀铜

将加速后的覆铜板用夹具夹好，挂在电镀负极上，调节电流调节旋钮，电流大小须根据覆铜板面积大小来确定（以 $1.5A/dm^2$ 计算），电镀半小时左右，取出可观察到孔内壁均匀地镀上了一层光亮、致密的铜。

从镀铜液里取出覆铜板用清水冲洗，将覆铜板上的镀铜液冲洗干净。

注意：五个反应槽内的化学药液不能混合。预浸、活化、微蚀、加速各工序应保证过孔的通透性，以免药水未浸到孔内。

六、MSM3000 线路板丝印机

MSM3000 线路板丝印机如图 6.3.9 所示，它采用有机透明玻璃操作平台，带有对位光源。

作用：线路板丝印机用于 PCB 板线路油墨、阻焊油墨和文字油墨的印刷。

操作步骤：

1. 准备

制作定位框：如图 6.3.10 所示，制作一个三边定位框。使用报废的边口平整的覆铜板，根据要印刷的覆铜板的大小裁剪定位框条，并用双面胶黏合。框条上下两层落在一起一边开口，使开口一端面向操作者身体，使上层框条每边流出约 3mm 的宽度，以便让要印刷的覆铜板悬空放入且不能移动。

保护丝网：将要印刷的覆铜板置于丝网下定位框内，用透明胶带贴住覆铜板上丝印图形以外的区域的丝网，以减少丝网清洗的面积。

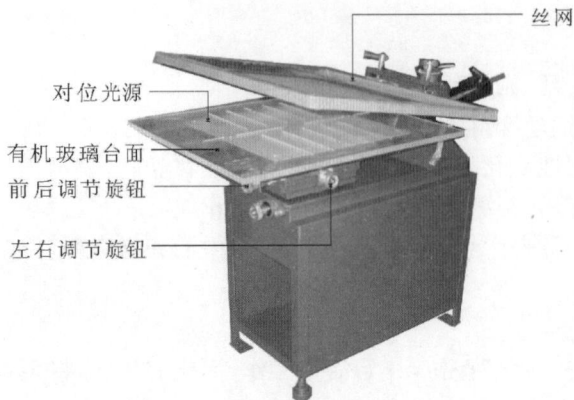

图 6.3.9　MSM3000 线路板丝印机

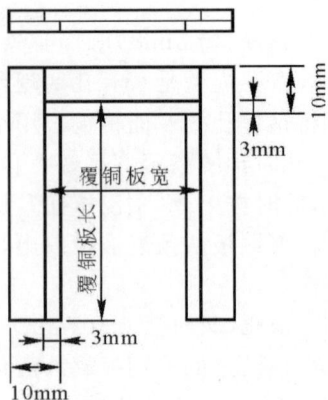

图 6.3.10　定位框

2.印刷油墨

将油墨取出搅拌待用。调整丝印平台前后调节旋钮和左右调节旋钮使覆铜板处在透明胶带围成的框内,调整丝印平台平衡砣位置使丝网面距覆铜板 3～4mm,在丝印框靠近身体一端下面垫 6mm 厚的衬板。印刷文字油墨时,还要先将丝印机通电,使须漏印的字符与覆铜板准确对位。

均匀涂覆感光油墨于覆铜板边框外上方的丝网上,如图 6.3.11 所示,将硬度为 65 的橡胶刮板与丝网成 45°～50°角,从身体近端往远端推刮油墨或从身体远端往近端推刮油墨,迫使油墨被挤压推移穿过网孔,印刷到覆铜板上。若刮双面板,翻过另外一面后即可再刮。若印刷文字油墨,只能朝一个方向刮一次。

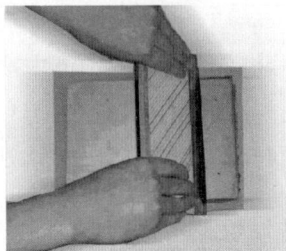

图 6.3.11　印刷感光油墨

注意:丝网印台丝网应保证通透性。刮板用力均匀、平稳、力度适当。用力大小应保证刮板和丝网接触面是一条直线。印刷线路油墨和阻焊油墨过程中要防止无意中曝光,可关掉日光灯,拉下窗帘,也可使用防曝光的特殊光源。

七、PSB2000 烘干机

PSB2000 烘干机及控制面板如图 6.3.12 所示。

PSB2000烘干机

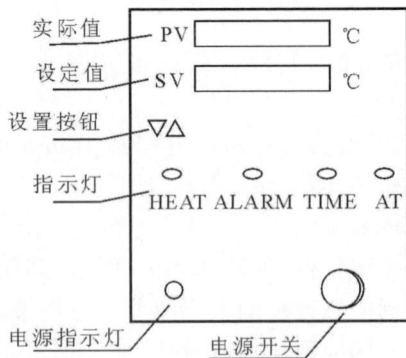

PSB2000烘干机控制面板

图 6.3.12　PSB2000 烘干机及控制面板

作用:用于 PCB 板线路油墨、阻焊油墨和文字油墨的干燥。

操作步骤:

1.放置电路板

将需要烘干的覆铜板放置在隔板上,关上机门。

2.接通电源

将电源开关键"0 /1"按至 1,此时电源开关指示灯亮。

3.设定温度和时间

温度设定:按下"SET"键进入设定状态,"PV"显示窗显示"SU"字样,按"△"键或"▽"键,使"SV"显示窗显示值调整到需要设定的温度值,再按"SET"键进入工作状态。

时间设定:在温度设定好的状态下,按住"▽"键,"TIME"指示灯亮,再按一下 SET 键,"SV"显示窗的显示值闪烁,进入设定状态,再按"△"键或"▽"键,使"SV"显示窗显示值调整到需要设定的时间值,再按一下"SET"键进入工作状态。

4、烘干

烘干时,"HEAT"灯亮,"PV"显示窗显示实际温度值,"SV"显示设置的温度。烘干完成,报警器响,"SV"显示窗显示"End",打开箱门,小心取出覆铜板,小心烫伤。

八、EXP3000 曝光机

EXP3000 曝光机控制面板如图 6.3.13 所示。EXP3000 曝光机如图 6.3.14 所示。

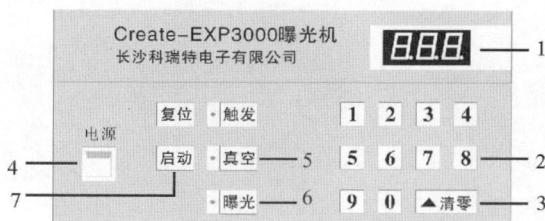

图 6.3.13　EXP3000 曝光机控制面板

1—显示窗;　2—数字键盘;　3—清零键;　4—电源开关;　5—真空;　6—曝光键;　7—启动键

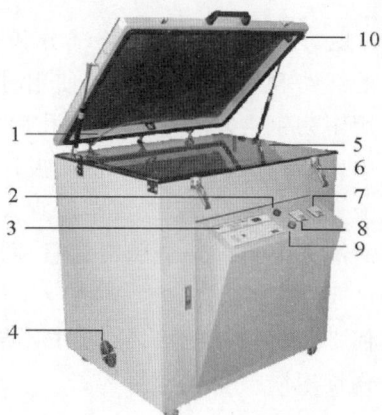

图 6.3.14　EXP3000 曝光机

1—出气管;　2—绿色指示灯;　3—控制面板;　4—散热孔;　5—玻璃台面;
6—翻盖锁扣;　7—电流表;　8—电压表;　9—红色指示灯;　10—进气阀门

作用:曝光机用于线路油墨、阻焊油墨的感光。

(1)打开电源开关,将菲林纸上焊盘中心与刷好油墨的覆铜板孔对位准确,用胶带固定好,菲林纸冲下,放在曝光机干净的玻璃面上,盖上曝光橡胶翻盖并扣紧"翻盖锁扣",向上关闭"进气阀门"。

(2)设置真空抽气时间,按一下"真空"键,再按一下"清零"键,从"数字键盘"输入待设定真空抽气时间为 10s。设置曝光时间,按一下"曝光"键,再按一下"清零"键,从数字键盘输入待设定的曝光时间。

(3)按"启动"键,真空抽气机开始抽真空,使感光油墨紧贴玻璃平面,从而保证曝光精度,10s 后曝光开始,当扬声器长鸣时,曝光灯熄灭,曝光完成。

(4)向下打开"进气阀门",松开"翻盖锁扣",打开橡胶翻盖,取出覆铜板,如果是双面板还要曝光另一面。曝光完成后,拿出经过感光的覆铜板。

注意:曝光时应保证曝光机的玻璃台面的整洁度。

九、Create—CPT3000 化学镀锡机

Create—CPT3000 化学镀锡机如图 6.3.15 所示。

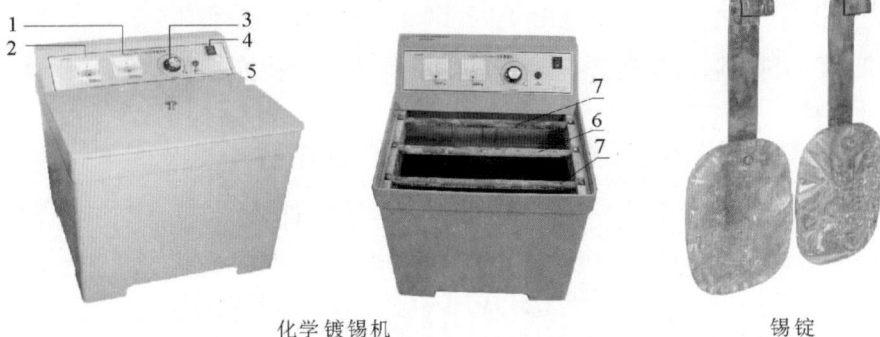

化学镀锡机　　　　　　　　　　　　　　　　　　锡锭

图 6.3.15　Create—CPT3000 化学镀锡机及锡锭

1—电流表;　2—电压表;　3—电流调节旋钮;　4—电源开关;　5—电源指示灯;　6—阴极挂杆;　7—阳极挂杆

作用:在覆铜板上去除油墨的地方即覆铜板的线路部分和孔内壁镀上一层锡,在腐蚀的过程中用锡作抗蚀层保护双面板的线路和通孔;在电路板使用时,增强电气性能和可焊接性。

(1)将锡锭挂在阳极挂杆上,用不锈钢夹具将金属化过孔后的双面覆铜板夹好,将需要镀锡的覆铜板部分全部浸入镀锡液中,并将挂钩挂在镀锡机阴极挂杆上;

(2)接通"电源开关"并用"电流调节旋钮"调节电流至适宜大小(按 $1.5A/dm^2$ 计算);

(3)镀锡约 15min,取出观察铜箔都被铅锡合金所覆盖且厚度在 $8\sim12\mu m$,可取出覆铜板用清水将吸附在板上的镀锡液冲洗干净。

注意:镀锡时,不要用身体任何部位直接接触液体,同时须防止液体溅到衣服上,以免伤害皮肤或损坏衣服。镀完锡应取出锡锭以防产生化学反应。

十、AEM3020 全自动多槽腐蚀机

AEM3020 全自动多槽腐蚀机如图 6.3.16 所示。

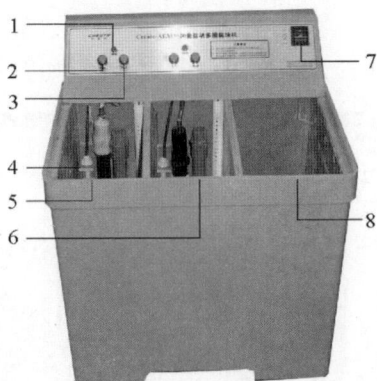

图 6.3.16　AEM3020 全自动多槽腐蚀机

1—状态指示灯；　2—加热按钮；　3—对流按钮；　4—液位标志；　5—蚀刻槽 1

6—蚀刻槽 2；　7—电源开关；　8—水洗槽

作用：将非线路部分铜箔蚀刻掉，留下抗蚀层保护的线路图形。

原理：利用化学方法除去板上不需要的铜箔，留下组成图形的焊盘、印制导线及符号等。常用的蚀刻溶液有碱性氯化铜、酸性氯化铜、三氯化铁等。本机采用碱性氯化铜蚀刻溶液，碱性氯化铜蚀刻机理是在氯化铜溶液中加入氨水，生成 $[Cu(NH_3)_4Cl_2]^{2+}$ 络离子，将非线路部分铜箔腐蚀掉。

操作：打开"电源开关"和"加热按钮"至温度指示灯长亮，将待腐蚀的覆铜板用不锈钢挂钩挂于"蚀刻槽 1"内，按下"对流按钮"，进行腐蚀，直至 PCB 板腐蚀完全，从腐蚀槽里取出，置于装有清水的"蚀刻槽 2"内，使黏附其上的腐蚀液清洗干净。

注意：(1)腐蚀电路板时，应盖住防护罩，防止腐蚀液溅出和腐蚀气体的挥发。人体应尽量远离腐蚀液，如必须靠近时，可戴上口罩、眼镜和防腐手套。

(2)电路板腐蚀过程中，要注意观察，防止腐蚀过头。

第 4 节　菲林底片的制作

一、概述

底片制作是图形转移的基础，根据底片输出方式可分为底片打印输出(采用激光或喷墨打印机将图形打印在菲林纸或热转印纸上)和光绘输出(采用激光光绘机将图形输出到激光胶片再通过显影、定影工序形成最终的图形)。如果对线路板精度要求不高，并且批量很小可选择低成本的图形输出方式：将图形打印到菲林或热转印纸上，本节将以科瑞特公司小型工业制板样图为例来介绍采用激光打印机打印菲林底片的方法。

PCB 文件说明：Keepoutlayer(边框层)、Bottomlayer(底层)、Toplayer(顶层)、Multilyer(多层)、Overlayer(字符层)。

采用感光油墨制作双面电路板，全过程共需要 6 张菲林底片：顶层线路图、底层线路图、顶层阻焊图、底层阻焊图、顶层字符图、底层字符图。

二、打印顶层线路图

(1)启动 Protel 99SE 软件并打开小型工业制板样图,如图 6.4.1 所示。

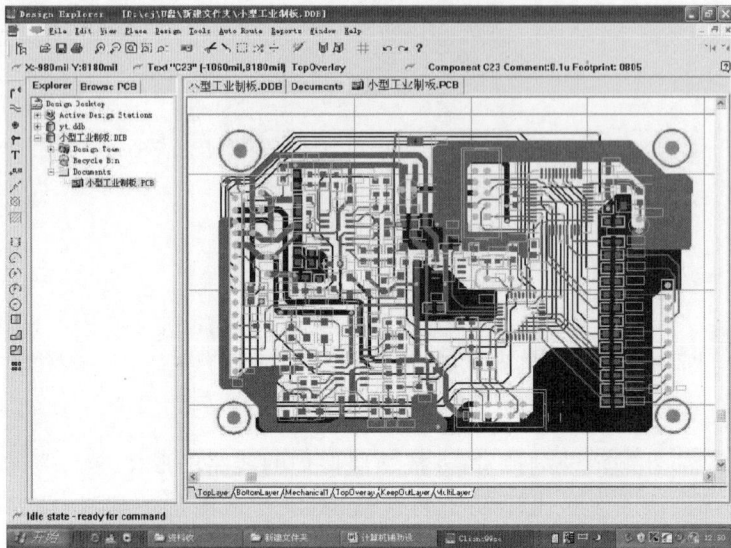

图 6.4.1　小型工业制板样图

(2)点击"Document"按钮,出现 New Document 对话框窗口,选择 File 菜单中 New 功能项,并选择"PCB Printer"图标,如图 6.4.2 所示。

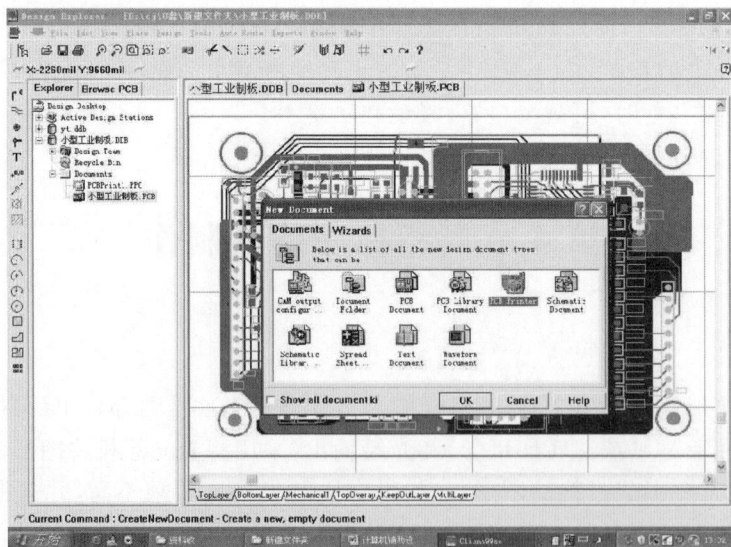

图 6.4.2　新建 PCB Printer 文件

(3)点击"OK"按钮,出现 Choose PCB to Preview 对话窗,选择"小型工业制板.PCB",如图 6.4.3 所示。

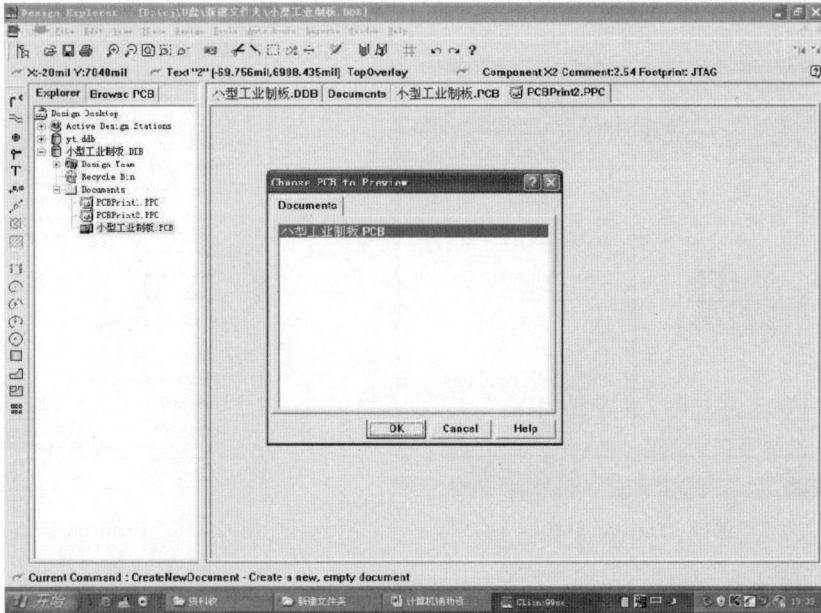

图 6.4.3　选择"小型工业制板.PCB"

（4）点击"OK"按钮，出现如图 6.4.4 所示的打印预览图。

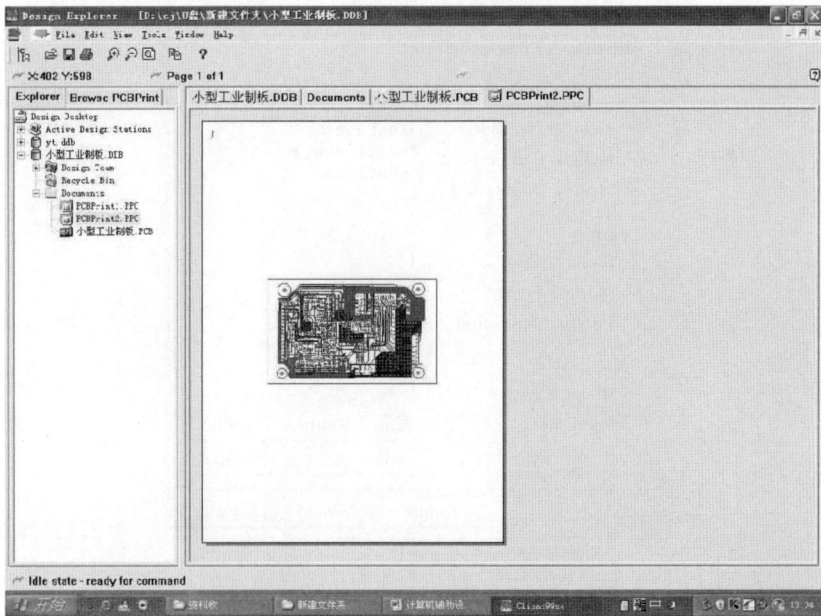

图 6.4.4　打印预览图

（5）点击"BrowsePCBPrint"按钮，右键点击"Multilayer Composite Print"按钮并选择
"Properties"，如图 6.4.5 所示，出现图 6.4.6 所示 Printout Properties 对话框。

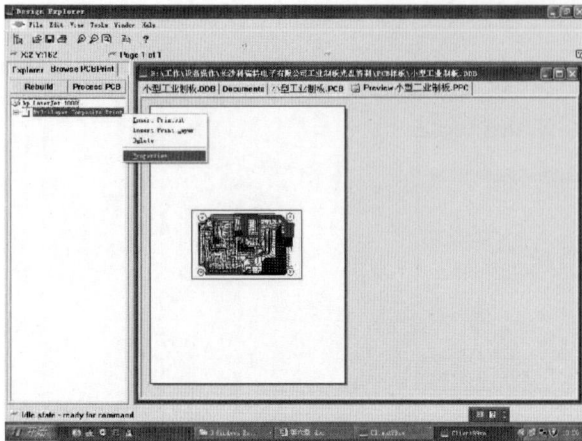

图 6.4.5　选择 Print Properties

图 6.4.6　Printout Properties 对话框

（6）分别点击"BottomLayer""TopOverlay"按钮，并点击"Remove"去除这两层，Layers 的列表栏就只剩下 KeepOutLayer（边框层）、TopLayer（顶层）和 MultiLayer（多层）。

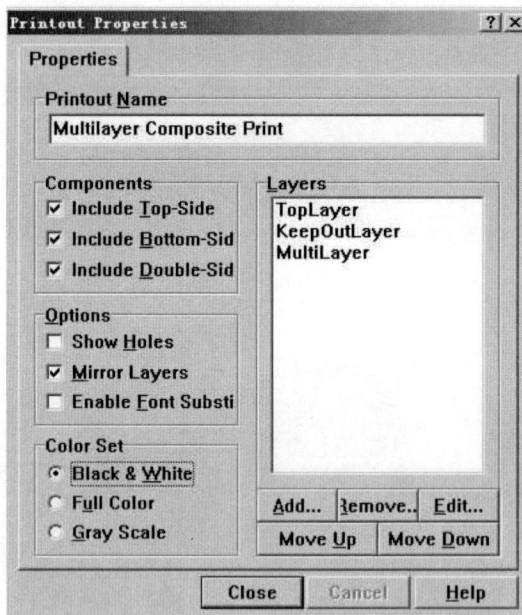

图 6.4.7　打印顶层图片的设置

然后选择"Mirror Layers""Black＆White"，出现如图 6.4.7 所示。

（7）点击"Close"，出现如图 6.4.8 所示的打印预览图。

（8）点击打印机快捷图标，顶层线路图输出。

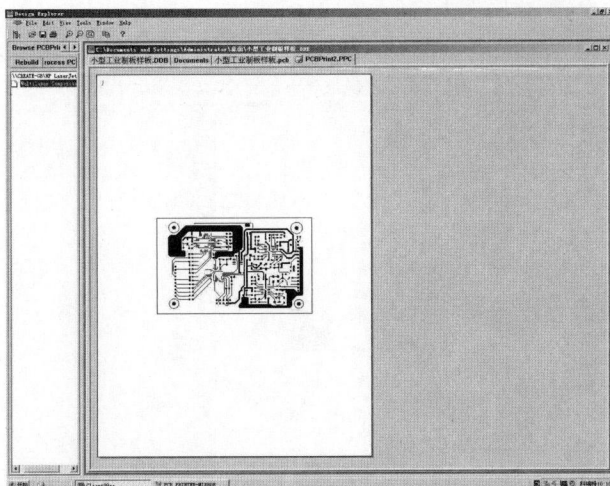

图 6.4.8　打印预览图

三、打印底层线路图

(1)从上面操作"5"开始,点击"Remove"或"ADD"重新选择"Printout Properties"窗口的"Layers"的列表栏各项,使其有 KeepOutLayer(边框层)、BottomLayer(顶层)和 MultiLayer (多层),如图 6.4.9 所示。

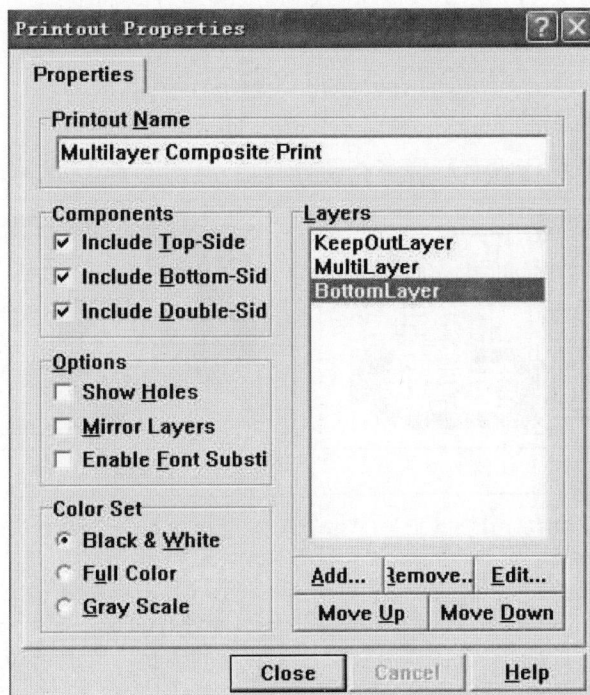

图 6.4.9　打印底层图片的设置

（2）点击"Close"，出现图 6.4.10 所示的界面。

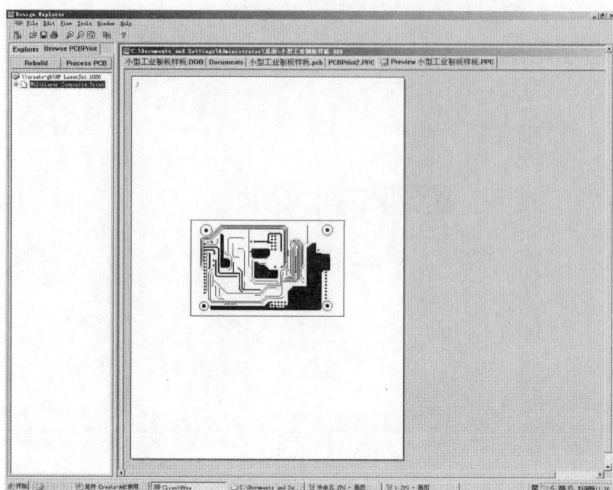

图 6.4.10　打印预览图

（3）点击打印机快捷图标，底层图片输出。

四、打印其他层菲林图

如果要打印顶层或底层阻焊图，只须选中"Printout Properties"窗口的"Layers"列表栏中 TopSolder 层或 BottomSolder 层、KeepOut 层，其余操作方式同上。

如果要打印字符图，只须选中"Printout Properties"窗口的"Layers"列表栏中 Top OverLayer 层或 Bottom OverLayer 层、KeepOut 层，其余操作方式同上。

注意顶层要选" Mirror Layers"，底层不要选" Mirror Layers"。

小型工业制板 PCB 由于没有底层字符图，因此共有图 6.4.11 所示五张菲林底片。

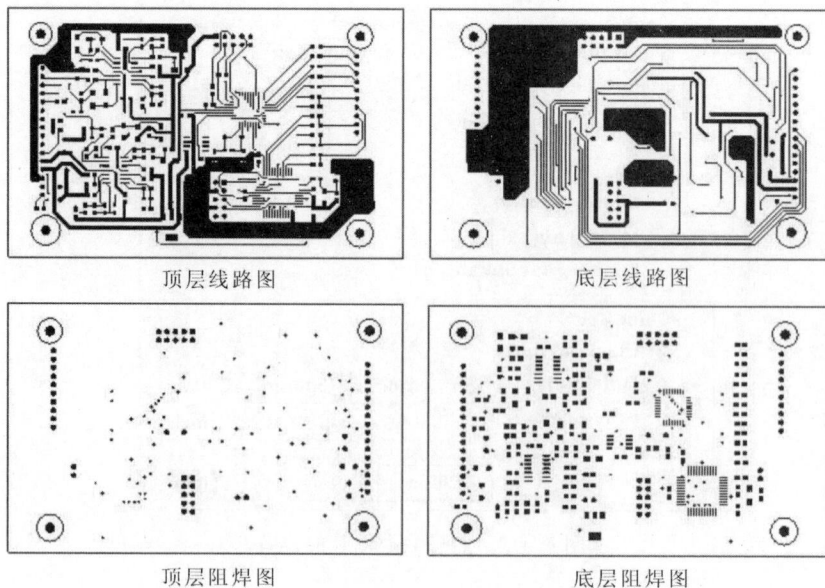

顶层线路图　　　　　　　　　　底层线路图

顶层阻焊图　　　　　　　　　　底层阻焊图

图 6.4.11　小型工业制板 PCB 的菲林底片

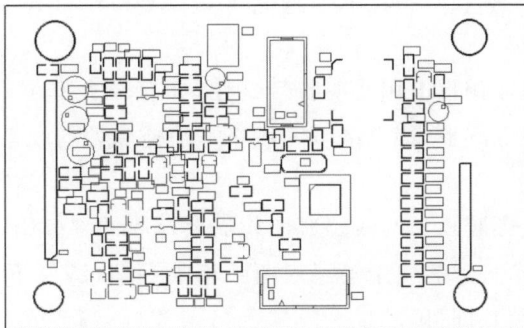

顶层字符图

续图 6.4.11　小型工业制板 PCB 的菲林底片

第 5 节　印制板电路板的手工制作

印制电路板的手工制作在学生实验和电路板组装设计和生产单位进行小型电子产品设计电路验证中使用,这是在无印制电路板设备的情况下不得已而暂时使用的办法。具体操作步骤如下。

一、设计绘制线路底图

设计并手工绘制出印制电路板的线路底图。

二、裁板

可选用纸基覆铜板,裁出比底图大 5～10mm 大小的覆铜板。

三、复制印制电路板线路底图

在底图下垫一张复写纸,将底图复印到覆铜板上。特别注意集成块管脚焊盘和孔的位置要准确。为了钻孔位置的准确,可用小冲子在覆铜板的每个焊盘孔上冲一小凹坑,以便以后钻孔时定位。

四、掩膜

所谓掩膜是在复制好线路底图的覆铜板上需要保留的部位覆盖上一层保护膜。现在介绍几种方法。

1.漆膜法

(1)准备清漆(或磁漆)一瓶、细毛笔一支、香蕉水一瓶。将少量清漆倒入一只小玻璃瓶中,再放入适量香蕉水将其稀释。

(2)用细毛笔醮上清漆,按复印好的电路底图进行描摹,在焊盘孔处要描出接点。在描图过程中要仔细,如果描出边线或黏结造成短路时可暂不处理。

(3)待电路描完后可让其自然晾干或加热烘干。

（4）待漆膜固化后再参照底图用裁纸刀将导线上的毛刺和黏结部分修理掉。

2.胶带法

将复制好线路底图的覆铜板上用透明胶带贴住,如有较大部位不须掩膜的也可不贴。用裁纸刀沿导线和焊盘的边缘刻下,待全部刻完后将不须掩膜处的胶带揭去即可。

3.喷漆法

找一张大小适中的投影胶片。按线路底图将需要掩膜的部分用刀刻去。刻好后将其覆盖在已裁好的覆铜板上,用市售罐装快干喷漆对覆铜板喷一遍,漆层不要太厚,过厚黏附力反而下降,待漆膜稍干后揭去胶片即可。

五、腐蚀

1.配制腐蚀液

印制电路板的腐蚀液通常使用三氯化铁溶液,固体三氯化铁可在化工商店买到。配制腐蚀液,可取 1 份三氯化铁固体与 2 份的水混合(质量比),将它们放在大小合适的玻璃烧杯或搪瓷盘中,加热至 40℃左右(最高不宜超过 50℃)。

注意:三氯化铁具有较强的腐蚀性,一定要戴橡胶手套操作。

2.腐蚀

将掩好膜的覆铜板用竹夹子夹住,放入三氯化铁溶液中浸没,并不时搅动液体使之流动,以加速其腐蚀。腐蚀过程中要经常观察腐蚀的进度,腐蚀时间不宜过长,要避免印刷导线边缘被溶液浸入形成锯齿形。当未覆膜的铜箔被腐蚀掉时,应及时将覆铜板取出用清水冲洗干净。

为了提高腐蚀速度,可以采用电解法,其具体步骤如下:

（1）在已覆膜的覆铜板上找一块较大面积的空白处,焊上一根约 20cm 长的焊锡丝,并在靠近铜箔处的焊锡丝上涂上一层酒精松香液以防腐蚀。将稳压电源的正极夹在焊锡丝的上部。

（2）将另一段焊锡丝绕在一根长 10cm 的铁棒(铁钉)上,并留下 20cm 长一段与稳压源电负极导线相结。

（3）将覆铜板浸没在三氯化铁溶液中,将负极铁棒也浸没在三氯化铁溶液中并注意不要和覆铜板相碰而短路。

（4）将稳压电源的电压调节旋钮调至最低后再接通电源,然后缓慢地调高电压。这时可看见负极板上有气泡产生,并伴有"吱吱"的响声。开始时由于接触面积较大,电解速度较快。随着时间的延长,电流会逐渐减小,这时可适当提高电压。

（5）电解完毕后,取出电路板用清水洗净。

六、修版、退膜

如果有腐蚀过程留下的残余铜斑或少量短路部分,可以用刀片进行修理,先在线两边用小刀刻断后再用刀剔去多余部分。

用细砂纸将覆铜板上的漆膜轻轻擦去或将覆铜板放在开水中将漆膜烫掉。

七、钻孔

1. 选钻孔工具

在印制板上钻孔最好采用小型台钻。因为手枪电钻和手摇钻在工作中很难保持垂直,既容易钻偏,又容易把钻头折断。

在使用台钻时,大多选用 φ0.8mm 或 φ1.0mm 的麻花钻头。钻头太细则既不易夹紧,还容易折断钻头。

2. 钻孔定位

用质地较硬的纸在钻头杆上紧绕几层,让钻头大约只露出 3~4mm(对 2 mm 厚的覆铜板而言),夹在钻夹头内。这样既可使钻杆直径增大,增加夹持力,又可减少钻头折断的机会。

3. 钻孔

钻孔时,将冲出的定位凹坑置于钻头之下再缓慢进钻。钻孔时要防止钻偏,特别是集成电路的焊盘孔。如果集成块的焊盘孔被钻偏了将造成集成块插入困难,甚至会出现在强行插入时把管脚折断而报废集成块的情况。

八、涂助焊剂

用砂纸或小平锉将铜箔面轻轻打磨一遍,然后用酒精松香水在焊接面上涂一遍,待酒精挥发后,便留下一层松香,既可助焊又能防潮防腐。

第7章

小型电子产品实验

本章以小型电子产品电路实验为切入点,吸取工程设计实践内涵,淡化已熟悉的焊接装配,强化电路板图设计与绘制,进一步提升学生电路原理分析能力、在实际电路测试中操作和使用仪器设备(示波器、万用表)的能力以及故障分析和排除的能力。如能深入进行,经历发现问题、分析问题和解决问题的过程,便可以培养学习兴趣,提高理论与实践水平。

实训基本内容为:在实训电路板上绘制出三端集成稳压电源实物装配板图,并在实训电路板上进行布排、装配、焊接和测试,如果测试中发现问题,要求能够自行分析和排除,并写出测试参数分析和故障分析报告。

实训扩展内容为:三端集成稳压电源印制电路板设计与手工绘制和三端集成稳压电源外其他推荐的小型电子产品试验。该内容是为了使实训内容丰富、促进学生个人爱好发展而设置的。在条件成熟时可与印制电路板制作相连接,形成一个完整的设计、制造、装配与调试过程。

第1节 三端集成稳压电源电路原理分析

一、三端集成稳压电源电路组成 LM317 元器件、功能及特点

本电路由三端可调稳压集成电路 LM317 配置少数外围元器件组成,其内部设有过流、过热保护电路,具有调节范围宽、电路简单、稳压精度高的特点。当输入电压满足条件时,输出电压从 $1.25\sim37V$ 连续可调。

二、三端集成稳压电源电路原理分析

三端集成稳压电源电路原理图如图 7.1.1 所示,市电经过变压器 B 进行电压变换,使高电压转换为所需要的电压值,经过全桥 Q 整流后,将正弦信号变化为无极性变化的脉动电压。脉动电压经 C_1,C_2 滤波后,电压波形变得更加平缓,经过 C_2 滤波后的电流进入三端可调集成稳压器进行稳压输出。为了保证输出电压的稳定,输入电压应高于可调输出最高电压 5V。如把电位器换成固定电阻时,其输出电压为固定值。

三、元器件在电路中的作用

C_1,C_2,C_3 在电路中均具有滤波作用。C_2,C_3 还具有防止稳压电源工作中,由于分布电容的影响而引起自激振荡,尤其在输出端接负载的导线较长时 C_2,C_3 的作用显得非常重要。

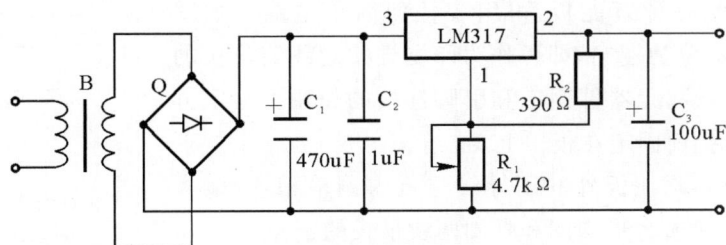

图 7.1.1　三端集成稳压电源电路原理图

四、电路参数的计算

1. C_1 的容量

C_1 容量的大小和负载有关,一般取 $2R_L C_1 \geqslant (3 \sim 5)T$,$T$ 为市电的周期,C_1 过小稳压电源输出纹波系数太大,当 $2R_L C_1 > 5T$ 时,对纹波改善不大,成本却会大大增加。

2. 输出电压 V_o

$$V_o = 1.25(1 + R_1/R_2) + I_{ADJ} R_1$$

式中,I_{ADJ} 是稳压器工作时 1 脚所要维持的泄放电流,通常为 $50\mu A$ 。

第 2 节　三端集成稳压电源电路板图的设计与绘制

本节要求学生至少可以绘制出三端集成稳压电源的原理图及实训板电路板板图,有兴趣的学生可尝试手工绘制出真正的印制电路板图。绘制应遵守绘制规则并参考绘制实例进行。

一、清点并识别元器件

拿到元器件,对照表 7.2.1 仔细清点种类及个数,牢记元器件的名称、封装特点,进行元器件检测判断其好坏。

表 7.2.1　三端集成稳压电源元器件封装外形图、符号和规格

封装外形图						
符号	Q	C_2	C_1, C_3	LM317	R_1	R_2
规格	电桥 (全桥硅整流堆)	$1\mu F$ 无极性电容	$470\mu F, 100\mu F$ 电解电容	三端可调集成稳压块	$4.7k\Omega$ 电位器	390Ω 色环电阻

二、三端集成稳压电源实训电路板图的设计与绘制

题目:在图 7.2.1 所示实训板上绘制出三端集成稳压电源实物装配图。

实训电路板是一种万能板,可组装任何简单电路。如图 7.2.1所示,粗线部分为铜箔,即可作为印刷导线起线路连接的作用,又可作为焊盘起元器件固定和引脚连接的作用。为了方便装配,变压器已提前固定在板子上。

要求:将电位器画在板外并用导线与板内铜箔相连,电桥输出正、负两端分别选 E 形内圈和外圈两块最长的铜箔。

目的:让学生了解如何将电路原理图线路连接关系转化为印制板图的实际元器件的连接关系,同时掌握电路印制板图设计的最基本思想。

设计与绘制规则:

(1)元器件按实物外形图进行绘制,可画其俯视图或立体外形图,要将管脚封装位置和极性表达清楚。

(2)除电位器外,不允许使用额外导线。

(3)元器件每个管脚都要与电路板铜箔相连接,应尽量选距其最近的铜箔进行连接,以缩短元器件管脚间的跨距。若两管脚连接同一块铜箔时,两管脚与铜箔连接处不能相碰。

(4)元器件布排疏密均匀,有一定间隔。C_2,C_3 应尽量靠近稳压块。

(5)图面要清晰,元器件引线尽量短。

图 7.2.2 所示为电池状态指示器电路原理图,图 7.2.3 所示为电池状态指示器电路实训电路板图,本图不得已使用了一根短路线。要求认真体会此电路实训电路板图绘制实例并以此为参考进行三端集成稳压电源实训电路板图的设计与绘制。

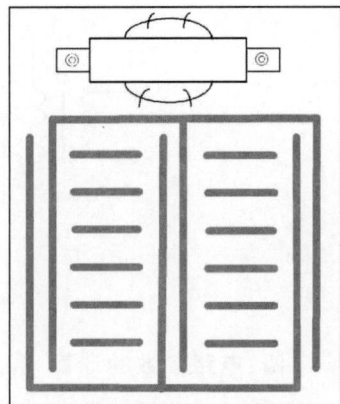

图 7.2.1　实训板

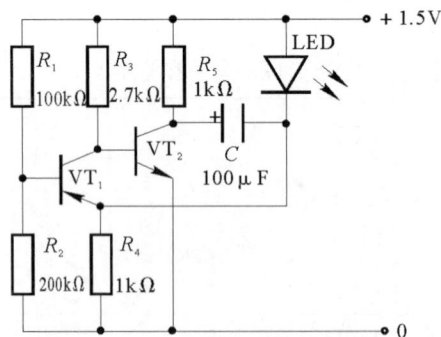

图 7.2.2　电池状态指示器电路原理图

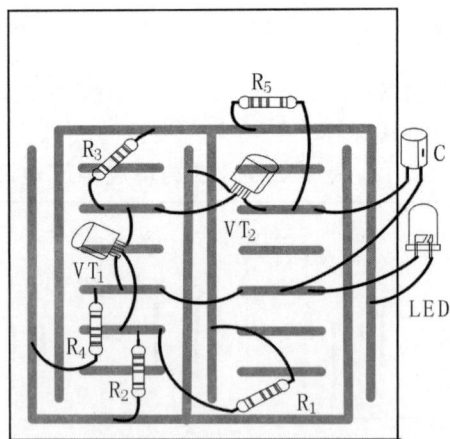

图 7.2.3　电池状态指示器电路实训电路板图

三、三端集成稳压电源印制电路板图的设计与手工绘制

题目:

(1)绘制出如图 7.1.1 所示三端集成稳压电源电路的原理图。

(2)设计并绘制出图 7.1.1 所示三端集成稳压电源手工焊接用正规印制板图。元件外形及尺寸见表7.2.2,注意变压器 B 不要求画封装外形轮廓与焊盘,只为它设计两个焊盘。

目的:模拟计算机辅助设计电路板图的过程,训练学生绘制正规电路板图的工程绘图能力。

(1)电路原理图绘制的原则和步骤:

1)绘制元器件在电路原理图中的图形符号和文字符号。

2)设计元器件图形符号和文字符号在电路原理图中的位置。

3)使同类元器件或一条线上的元器件图形符号水平或垂直对齐。

4)调整元器件图形和文字符号在图中的间距使元器件布局均匀。

5)绘制元器件图形间的连线,调整整体布局,使整体布局均匀、对称和紧凑。

(2)印制电路板图绘制的原则和步骤。现在以绘制如图7.2.2所示的电池状态指示器电路原理图为实例讲述印制电路板图绘制的原则和步骤。

1)封装外形轮廓与焊盘设计。表7.2.2为三端集成稳压电源元器件封装外形图及规格。

表 7.2.2　三端集成稳压电源元器件封装外形图及规格

封装外形图						
符　号	B	Q	C_2	C_1,C_3	LM317	R_1	R_2
规　格		电桥(全桥硅整流堆)	$1\mu F$ 无极性电容	$470\mu F$,$100\mu F$ 电解电容	三端可调集成稳压块	$4.7k\Omega$ 电位器	390Ω 色环电阻
外形尺寸/mm	$\phi8.8$		椭圆 4.5×3.5	$\phi14.2$,$\phi8.2$	10.2×4.5	异形 16.5×13.3	6.5×2.3
引线直径/mm	$\phi0.6$	$\phi0.8$	$\phi0.5$	$\phi0.9$,$\phi0.6$	1.2×0.4	0.8×0.6, 2.6×0.6 (固定脚)	$\phi0.6$
引线中心距/mm		4.5	3	4,3	2.5	4	最小 10.5

封装外形轮廓:按实际尺寸绘制元器件封装外形俯视轮廓图,细节处可简化,只可略大,不可画小。在其附近标出元器件文字符号。

焊盘:为每个元器件引出线设计一个焊盘,设计出焊盘外形和大小以及焊盘孔的大小,标出和元器件焊盘所在管脚的极性。

焊盘孔:焊盘孔用 d 表示,元器件引线直径用 d_1 表示,则 $d=d_1+(0.2\sim0.3mm)$。设计结果见表7.2.3。

表 7.2.3　电池状态指示器的焊盘孔与焊盘设计

封装外形				
符　号	C	LED	VT$_1$,VT$_2$	R$_1$,R$_2$,R$_3$,R$_4$
规　格	100μF 电解电容	ϕ5 发光二极管	9014,9015	100kΩ，200kΩ，2.7kΩ,1kΩ,1kΩ
外形尺寸/mm	ϕ8.2	ϕ6	半圆 3.5×4.7	6.5×2.3
引线直径/mm	ϕ0.6	0.5×0.5	0.5×0.4	ϕ0.6
引线中心距/mm	3	2.5	1.37	最小 10.5
焊盘孔径（设计）mm	ϕ0.8	ϕ0.7	ϕ0.7	ϕ0.8
焊盘直径（计算）mm	ϕ1.6～2.4	ϕ1.4～2.1	ϕ1.4～2.1	ϕ1.6～2.4
焊盘形状及大小（设计）mm	圆形、直径 ϕ2	圆形、直径 ϕ1.5	矩形、长宽 1.2×2.1	圆形、直径 ϕ2.4
焊盘中心距/间距（设计）mm	3/1	2.5/1	2.2/1	11/8.6

焊盘的外经:焊盘的外径(用 D 表示),$D=(2\sim3)d$,设计时应在保持铜箔间距的前提下尽量选大。

焊盘间距:考虑铜箔间安全间隙电压为 220V/mm,最小间距一般要求为 0.3mm,设计为 0.4mm,不存在问题。在板面允许的情况下,焊盘间距一般不小于 1 mm。

在条件不允许的情况下,保证焊盘的最小环宽大于 0.4mm。

焊盘形状:有圆形、椭圆形、矩形等。具有四棱形管脚的 THT 元器件采用方形焊盘。

焊盘形状及大小设计计算结果见表 7.2.3,关键是三极管 VT$_1$ 和 VT$_2$ 的焊盘设计不得不考虑元件装配时引线中心距可有小范围扩展、焊盘的最小环宽、焊盘大小和焊盘间隙牺牲的权衡。在牺牲焊盘大小还是牺牲焊盘间隙的问题上,手工焊接用电路板应重点考虑牺牲焊盘间隙。

封装外形轮廓与焊盘按 1:1 绘制结果如图 7.2.4(a)所示。

2)用元器件封装外形轮廓与焊盘替换其在电路原理图中的图形符号,注意保持其线路连接关系。绘制结果如图 7.2.4(b)所示。

3)设计电路连接的不交叉方案并进行最优方案的选择。图 7.2.4(b)中,"? 1"和"? 2"间连线出现线路交叉,为了实现线路不交叉制定了 4 个方案,方案一:将 VT$_2$ 的 C 极与 0 连接的线从 LED,C 下绕过;方案二:将"? 1? 2"线从 R$_2$ 下绕过;方案三:将 VT$_2$ 的 C 极与 0 连接的线从 C,R$_1$,R$_2$,R$_3$ 下绕过;方案四:将"? 1? 2"线从 VT$_2$ 下绕过。方案一与方案四由于

LED 和 VT_2 下间距过小不可取。方案二从 R_2 下绕过,方案三从 C,R_1,R_2,R_3 下绕过,因此选择方案二。绘制结果如图 7.2.4(c)所示。

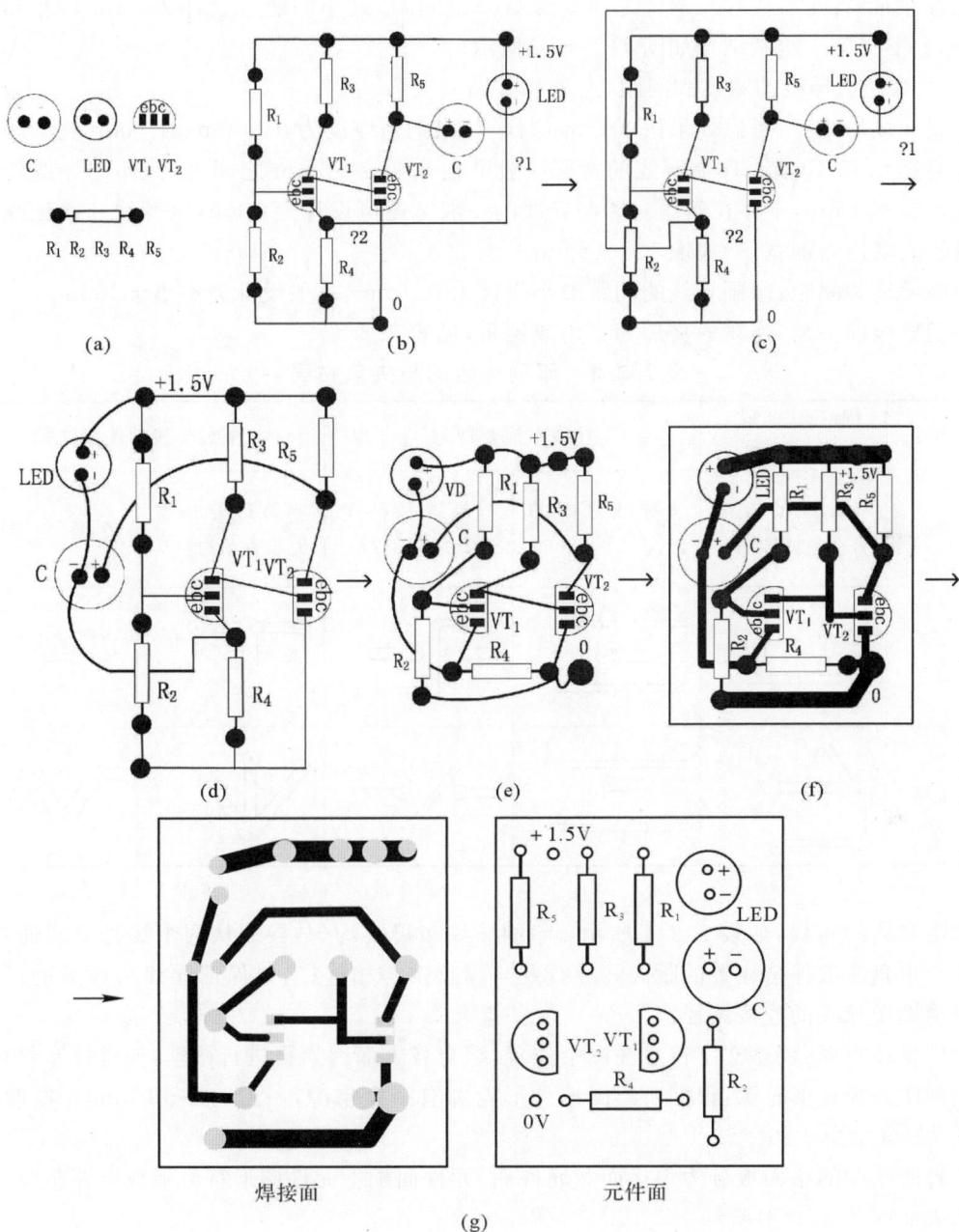

图 7.2.4 电池状态指示器电路板图设计步骤

4)调整元器件(元器件封装外形轮廓与焊盘看做一个整体)在图中的位置,缩小元器件和连接线所占板面。板面形状与整机外形有关,一般采用长宽比例不太悬殊的矩形。

缩小板面:缩小元器件和连接线所占板面,连接线可暂时用弧线绘制。绘制结果如图

7.2.4(d)所示。为进一步缩小元器件和连接线所占板面,调整元器件在图中的位置并根据元器件位置调整焊盘之间连接线,连接线可暂时用弧线绘制。

元器件布局:元器件和元器件之间要保持一定间距,最小间距可设计为1mm。布局要均匀,不可上下交叉。绘制结果如图7.2.4(e)所示。

5)设计印刷导线的宽度和间距、夹角和布局。

印刷导线的宽度:考虑如果按 $3A/mm^2$ 计算,当铜箔厚度为0.05mm时1mm宽的印制导线允许通过0.15A电流,印制导线的宽度一般可在0.3~1.5mm之间,因此印制导线的最小宽度设计为0.4mm,不存在问题。印制导线的一般宽度可设计为1mm,电源线和接地线由于载流量较大要适当加宽,一般取1.5~2mm。

印刷导线的间距:印刷导线的间距最小设计为0.4mm,一般设计为不小于1mm。

印刷导线的夹角,连线的夹角为直角或钝角,见表7.2.4。

表 7.2.4　印刷导线的与夹角布局

目　的	避免尖角或锐角拐弯	导线布线要均匀		缩短导线的连接路径	
措　施	导线的夹角为直角或钝角	导线之间的距离	导线从两个焊盘之间通过	斜边的长度大于直角边	多个接点连接避免多次弯折
优先选用		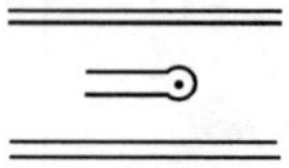	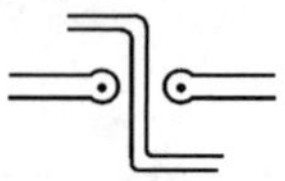	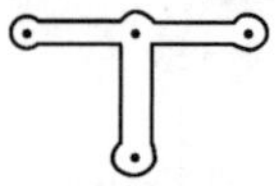	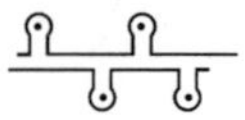
避免采用		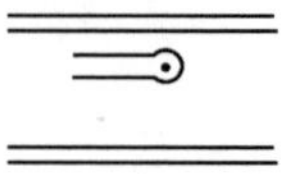	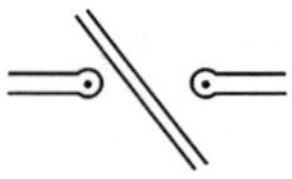	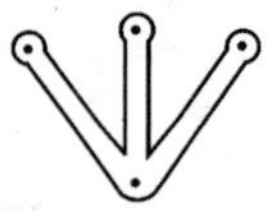	

印刷导线的布局:如表7.2.4所示,印刷导线布局要均匀,导线从两个焊盘之间通过时,与这两个焊盘应该保持相等的距离。导线要与焊盘中心相连接,以保证导线与焊盘的可靠连接。尽量缩短导线的连接路径。

调整整体布局:调整文字符号在图中位置,综合各方面因素再进行调整,使整体布局均匀。

绘制印制板外形轮廓:根据所绘图形外形轮廓有一定空隙,一般为5~10mm。绘制结果如图7.2.4(f)所示。

6)将所绘印的单面板分为焊接面和元件面,元件面配上元件图形符号形成电路板装配图。绘制结果如图7.2.4(g)所示。

第3节　三端集成稳压电源电路板的布焊、测试和故障排除

一、示波器的操作

示波器是一种利用电子射线束的偏转轰击荧光屏显示电量随时间变化过程的电子测量仪

器。它可以将人眼无法直接观测的交变电信号转换成光学图像信号,显示在荧光屏上以便观察测量。常用来测量电压、频率、相位、功率等电学物理量。现在以图 7.3.1 所示的通用示波器 YB43020B 为例介绍其操作。

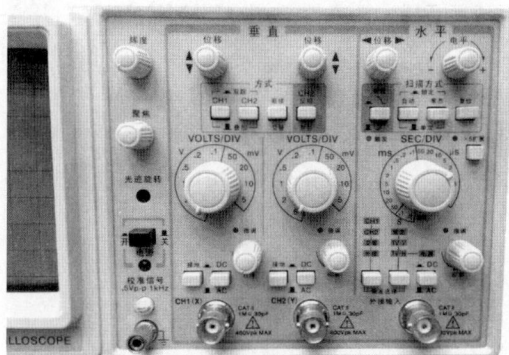

图 7.3.1　YB43020B 示波器

1. 开机调试和设置

(1)开机后,让示波器预热 5min,看到一条扫描线,调整水平位移旋钮和垂直位移旋钮(POSITION),将扫描线移动在荧光屏上便于观察的位置。调整聚焦(FOCUS)旋钮将扫描线调整为最清晰状态。调整辉度(INTENSITY)旋钮改变扫描线的亮度。

注意:不要聚焦为一个光点,不要将辉度开得太大,以免降低示波管的寿命。

(2)旋钮的设置。

1)将触发源(SOURCE)打至内触发(INT)。触发源(SOURCE)通常有三种触发源:内触发(INT)、电源触发(LINE)、外触发(EXT)。内触发(INT)是使用被测信号作为触发信号,是经常使用的一种触发方式。由于触发信号本身是被测信号的一部分,在屏幕上可以显示出非常稳定的波形。CH2 触发的触发信号来自于 CH2 通道。

2)将扫描(触发)方式(SWEEP MODE)打至自动(AUTO)。

扫描方式(SWEEP MODE)一般有自动(AUTO)、常态(NORM)和单次(SINGLE)三种扫描方式。

自动(AUTO):当无触发信号输入,或者触发信号频率低于 50Hz 时,扫描为自激方式。不进行信号测量时,在示波器的荧光屏上可以看到扫描线。

常态(NORM):当无触发信号输入时,扫描处于准备状态,时基振荡器不工作,因此荧光屏没有扫描线。触发信号到来后,触发扫描,荧光屏显示被测波形。

TV. V 和 TV. H:是用来测试电视信号的。

3)将输入通道选择打至通道 1(CH1)或通道 2(CH2)。

输入通道选择有四种选择方式:通道 1(CH1)、通道 2(CH2)、交替(DUAL)、叠加(ADD)。选择通道 1(CH1)时,仅显示通道 1 的信号。选择通道 2(CH2)时,仅显示通道 2 的信号。

4)输入耦合方式(AC,GND,DC)。

测量交流信号时打至 AC,测量直流信号和较低频率的交流信号时打至 DC。

(3)波形的校准。示波器中有一个精确稳定的方波信号发生器,供校验示波器的 Y 轴灵敏度、X 轴扫描周期的准确度用。这个校准信号幅度为 0.5V,频率为 1kHz。可将示波器芯线探头接示波器面板上校准".5 VP‐P "下的插头进行测量。

2. 交流电压的测量

（1）把 Y 轴输入耦合开关置"AC"位置，使直流分量和交流分量分隔开，否则直流分量和交流分量叠加后会超过放大器的有效动态范围，显示的波形飘移出荧光屏无法观察。垂直偏转因数选择（VOLTS/DIV）开关和扫描速率选择（TIME/DIV）开关根据被测信号的幅度和频率选择适当的挡级，调节触发电平（LEVEL）将扫描与被测信号同步，从而使波形稳定。

（2）将被测波形移至屏幕中央，读取整个波形的峰峰值所占 Y 轴方向的格数。

例如：垂直偏转因数选择（VOLTS/DIV）开关放在"2V/DIV"，如图 7.3.2 所示，由坐标刻度读出 Y 轴方向波形的峰峰值为 4.6DIV 并使用了 1∶1 的衰减探极，则被测信号电压的峰峰值为

$$U_{P-P} = 2V/DIV \times 4.6DIV = 9.2V$$

3. 直流电压的测量

当测量被测信号的直流或含有直流成分的电压时，首先应确定一个相对的参考基准电位。一般情况下基准电位是对地电位而言的。其测量步骤如下。

（1）将 Y 轴输入耦合开关置"⊥"，使屏幕上出现一条扫描基线，调节移位旋钮，使扫描基线与所选的坐标横线重合。

（2）将输入耦合开关改置于"DC 位置，垂直偏转因数选择（VOLTS/DIV）开关和扫描速率选择（TIME/DIV）开关根据被测信号的幅度和频率选择适当的挡级，调节触发电平（LEVEL）使信号波形稳定。

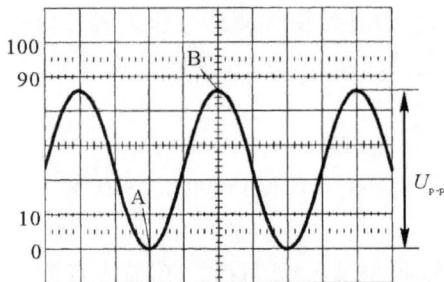

图 7.3.2　交流电压测量波形图　　　　图 7.3.3　直流电压测量波形图

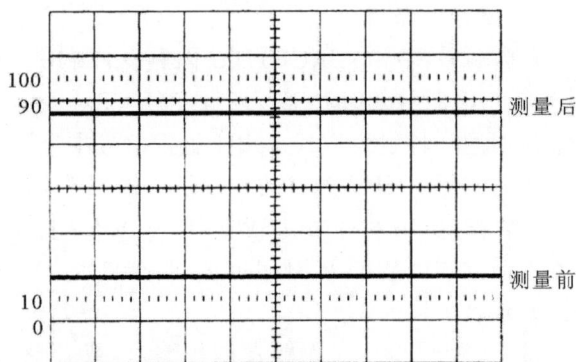

（3）根据屏幕坐标刻度，读出被测信号距参考基线 Y 轴方向的格数。

例如：如图 7.3.3 所示被测信号（测量后）距参考基线（测量前）Y 轴方向的格数为 3.7DIV，若仪器 VOLTS/DIV 开关值为"0.5V/DIV"同时 Y 轴输入端使用了 10∶1 的衰减探极，则被测信号的直流电压值为

$$U_{P-P} = 0.5V/DIV \times 3.7DIV \times 10 = 18.5V$$

4. 时间的测量

对某信号的周期或该信号任意两点时间参数的测量，首先使波形稳定后，根据该信号周期或两点间在水平方向的距离乘以 SEC/DIV 开关指示值获得。

如图 7.3.4 所示测得 A，B 两点的水平距离为 8DIV，若扫描速率选择 TIME/DIV 开关值为 2ms/DIV，水平扩展为×1，则：

时间间隔＝(2ms/DIV ×8 DIV)/1＝16ms

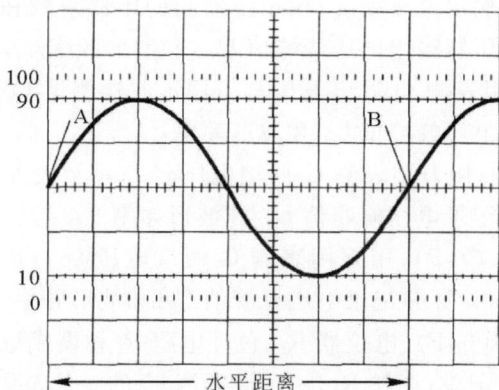

图 7.3.4　时间间隔测量波形图

5.频率的测量

对于重复信号的频率测量,一般可按时间测量的方法测出信号的周期,再根据公式 $f(\mathrm{Hz})＝1/T(\mathrm{s})$ 算出频率值,其测量精度决定于周期测量的精度。

二、三端集成稳压电源布排、焊接与测试

1.装配前的检测

装配前先对各元器件质量用万用表进行检测,所测试的元器件有电桥 Q,无极性电容 C_2,电解电容 C_1,C_3,电位器 R_1,色环电阻 R_2。

2.对电路板进行短路检查

测试内圈和外圈两块较长铜箔之间的阻值,判断其是否短路,如果短路应立即进行排除。

3.装配与测试

为了能顺利测出各点波形及电压值,应从变压器开始每装一个元件进行一次万用表测试,再进行一次示波器测试,同时将测试数据填入表 7.3.1,具体操作步骤如下。

表 7.3.1　三端集成稳压电源测试记录表

$R_{B初}＝$ _____ Ω,　　　　$R_{B次}＝$ _____ Ω,　　　　负载电阻＝ _____ Ω

焊元件顺序	万用表测量空载电压	示波器测量电压频率波形	
		空载电压	加载电压峰峰值及波形
变压器次级电压	$U_{B次}＝$	$U_{B次}＝$	$U_{B次}＝$　　　　$f_{B次}＝$
Q	$U_Q＝$		$U_Q＝$　　　　$f_Q＝$
C_2(无极性)	$U_{C2}＝$		$U_{C2}＝$　　　　$f_{C2}＝$
C_1(470μF)	$U_{C1}＝$		$U_{C1}＝$　　　　$f_{C1}＝$
LM317 R_1　R_2　C_3	$U_0＝$ _____ V～ _____ V (调整 R_1 时)	$U_0＝$ _____ V～ _____ V (DC 挡) (调整 R_1 时)	$U_0＝$ _____ (AC 挡)
	当 $U_0＝3V$ 时 $R_1＝$ _____ Ω		

(1)用万用表测变压器输入输出电阻 $R_{B初}$，$R_{B次}$。

(2)用万用表测变压器输出电压 $U_{B次}$；用示波器测变压器空载和加载输出电压波形，绘制电压波形图，计算并记录变压器输出电压峰峰值 $U_{B次}$ 和波形频率 $f_{B次}$。

(3)安装电桥 Q；用万用表测 Q 输出电压 U_Q；用示波器测试 Q 输出电压波形，绘制 Q 输出电压波形图，计算并记录电压峰峰值 U_Q 和波形频率 f_Q。

(4)安装无极性电容 C_2；用万用表测 C_2 两端电压 U_{C2}；用示波器测 C_2 两端电压波形，绘制其输出电压波形图，计算并记录电压峰峰值 U_{C2} 和波形频率 f_{C2}。

(5)安装电解电容 C_1（470μF）；用万用表测 C_1 两端电压 U_{C1}；用示波器测 C_1 两端电压波形，绘制其输出电压波形图，计算并记录电压峰峰值 U_{C1} 和波形频率 f_{C1}。

(6)安装电解电容 C_3（100μF）、电位器 R_1、色环电阻 R_2 和集成稳压块 LM317；调整 R_1，用万用表测 U_o 的变化范围并记录；调整 R_1，用示波器测 U_0 的变化范围并记录；调整 R_1，用万用表测当 U_o＝3V 时，关掉电源，拆掉 R_1 与电路板的连线，再测 R_1 的阻值。

4.装配注意事项

(1)元器件引线尽量不折弯，如果必须折弯，幅度尽量小，应从元件封装 2mm 外折，如图 7.3.5 所示。

(2)元件引脚直接与焊盘接触焊接，不允许剪掉，元器件距电路板必须保持 4mm 以上距离即处于悬空状态。

(3)元器件布排疏密均匀、有一定间隔。避免管脚相碰造成短路，同时要便于测试。

(4)装配完一个元器件，应对照原理图检查线路正确与否，然后用万用表×100 挡测试线路有无短路，特别是电桥输出正、负两端。

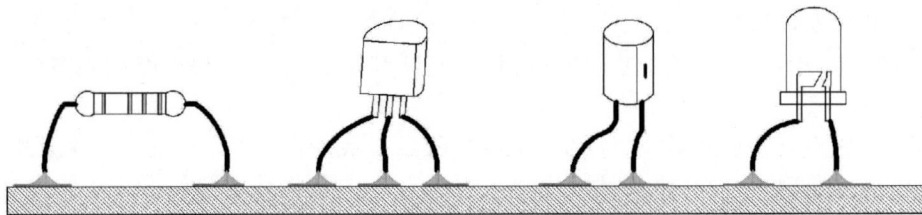

图 7.3.5　元器件装配图

5.测试注意事项

(1)测试时，注意正负两电源线不要碰线，以免发生意外，发生意外要立即拔掉插头。

(2)接通电源后，应立即用手摸变压器是否发烫，用眼观察有无元器件慢慢变黑或破裂等异常情况。发现这些情况，应立即拔掉插头，以防损坏元器件。

(3)用示波器测量信号时，应将中心探头接到电路中所要检测的点处，旁边探头接被测量电路的地，否则波形将倒置。用示波器测量波形每次测试应在测试两端接一个 100Ω 的负载，使波形稳定。

6.检查与评分

布线焊接和测试完毕，将三端集成稳压电源和测试数据记录一并拿来请老师检查验收并评出成绩，主要检查内容：测试数据、波形的记录状况、线路连接情况、元器件损坏程度，最后输出测试情况。

7. 测试参数的分析

(1)总结测试参数的规律。

(2)计算各测试参数的理论值。

(3)将各测试参数的理论值和实际值进行比较,分析误差原因。

三、三端集成稳压电源的故障分析

(1)三端集成稳压电源的故障分析表见表 7.3.2,查找故障原因并进行故障检查与排除,表内未提故障可在老师协助下进行。

表 7.3.2　三端集成稳压电源的故障分析表

装配步骤	故障现象	故障原因
变压器 B	噪声大	铁芯松动
	过载发烫、无输出电压	初级线圈、次级线圈与变压器外壳相碰、匝间线圈短路
整流桥 Q	无输出	整流桥多只二极管开路、整流桥输出正负两端短路
	输出一半波形	整流桥 2 只以下二极管开路
	输出波很低	接地不良、负载未加
无机性电容 C_2 电解电容 C_1	无输出	电解电容正负两端短路
	交流电压幅度大	电容失效
	直流输出电压低	电解电容漏电
集成稳压块 LM317、 电位器 R_1、 色环电阻 R_2、 电解电容 C_3	直流电压不可调	电位器 R_1 坏、接错或开路、集成稳压块 LM317 接错或损坏
	直流电压调整范围不正确	色环电阻 R_2 阻值不对、电位器 R_1 坏
	直流电压不稳定	电位器 R_1 内部电刷接触不良

(2)从电路原理的角度分析所产生的故障原因并写出总结报告。

第 4 节　小型电子产品实验电路推荐

一、触摸门铃

1. 触摸门铃电路原理分析

触摸门铃电路原理图如图 7.4.1 所示,元器件规格见表 7.4.1。本电路利用人体自身电阻来触发电路,当用手触摸触摸片时,VT_1 基极电位升高,VT_1 导通,接着 VT_2 导通,VT_3 导通,蜂鸣器导 HA 通鸣叫。蜂鸣器不工作时,电路不耗电。

2.元器件在电路中的作用

3只三极管联合起来对信号进行放大以带动蜂鸣器工作,C_1是为了消除各种干扰而设置的。

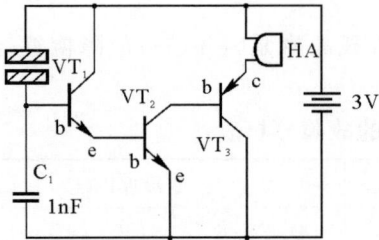

图 7.4.1　触摸门铃电路原理图

表 7.4.1　触摸门铃器元器件表

元器件符号	元器件规格
C_1	1 000pF
VT_1,VT_2	NPN 型三极管 3DG
VT_3	PNP 型三极管 3CG
HA	蜂鸣器
触摸片	用导线代
电池	用稳压电源代

3.实训电路板图的设计与绘制

在图 7.2.1 所示实训电路板图上设计并绘制触摸门铃的实训电路板图。要求:触摸板、电池、蜂鸣器的焊盘均用两根导线引出。设计与绘制规则同三端集成稳压电源。

4.装配焊接

按所设计实训电路板图进行装配与焊接,准备和注意事项与三端集成稳压电源相同。

5.触摸门铃的测试

将电源线接入稳压电源两线夹上,注意正、负两电源线不要碰线,以免发生意外,发生意外请立即关掉电源开关,防止将稳压电源烧坏。用手触摸触摸片导线,蜂鸣器应鸣叫。测试完成后请老师进行验收。

6.实训总结

请写出在本次实习中遇到过什么故障,是怎样排除的,结合电路原理对所发生的故障进行分析,你对本线路有何设想及改进措施。

二、延时定时器

1.延时定时器原理

延时定时器原理图如图 7.4.2 所示,元器件规格见表 7.4.2。在电源接通前,三极管 VT、可控硅 VS 处于关闭状态,发光二极管 VD 不亮。电源接通后,电源通过 RP 向电容器 C 充电,C 上的电位逐渐上升,当到达三极管 VT 导通电压后,VT 导通,导通电流的路径为电源正极—R_1—VT 集电极—VT 发射极—R_2—电源负极。发射极电流在 R_2 上产生的电压降通过 R_3 形成单向可控硅的触发电压使可控硅 VS 触发导通,此时有电源电流通过 R_5—发光二极管 LED—可控硅 VS—电源负极,发光二极管发光。

2.元器件在电路中的作用

R_p,C:给 VT 提供偏置电压,同时利用电容器的充电特性充当延时器,延时的时间由 R_p、C 的乘积来决定。R_1 为集电极负载电阻,R_2 为发射极电阻。R_3 为直流耦合电阻,将 R_2 上的直流电压耦合到可控硅的触发极。三极管 VT 和可控硅 VS 在电路中作为开关使用。R_5 为发光二极管的限流电阻,可以保证通过发光二极管的电流不会超过发光二极管极限值;R_5同时还是可控硅 VS 的阴极负载电阻,它可以保证通过可控硅触发极的电流不会过大,从而保护了可控硅。

表 7.4.2 延时定时器元器件表

元器件符号	元器件规格
R_1,R_4,R_3	1kΩ,1/8W 碳膜电阻
R_2	160 kΩ,1/8W 碳膜电阻
R_5	390 kΩ,1/8W 碳膜电阻
C	2 200μF/10V 电解电容
R_p	4.7 kΩ 碳膜电位器
VT	NPN 型 9014 三极管
LED	发光二极管
VS	单向 MCR100 - 8 可控硅

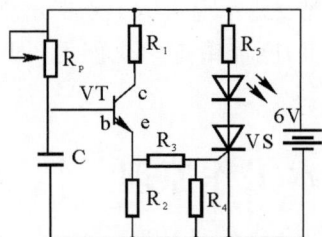

图 7.4.2 延时定时器电路原理图

3.测试与计算

(1)延时时间的测试与计算。测量从打开电源到发光二极管发光的延时时间。用所测量的延时时间计算 R_p 的值并和 R_p 的测量值进行比较。

(2)静态电压与电流的测量。测量 V_{VTe},V_{VTb},V_{VTc},V_{VSA},V_{VSK},V_{VSG},I_{VSG},I_{VSA}。I_{VSA}可使用间接方法测试,先测试 V_{VR5} 再计算出 I_{VSA}。

4.故障检测

(1)发光二极管通电就亮。检查 C 是否接好,可控硅阴、阳极或者三极管集电极、发射极之间是否击穿。

(2)发光二极管始终不亮。二极管 VD 坏或接反,电位器 RP 损坏,三极管 VT 损坏。

第8章

迷你小音箱的实训

本章内容主要结合迷你小音箱的装配实训,使学生了解电子产品装配的工艺过程,掌握焊接技术,提升学生电路原理分析能力。迷你小音箱造型精致、外观大方、携带方便,能使用USB供电,也可以通过电池供电,实用性强。对于学生而言,既能锻炼学生能力,同时又能激发学生学习兴趣,提高理论与实践水平。

第1节　迷你小音箱的基本工作原理

该迷你小音箱使用D2822双通道音频功率放大集成电路,具有交越失真小,通道分离度高,开机和关机无冲击噪声,软限幅,电源电压降到1.8V仍能正常工作等特点。图8.1.1是迷你小音箱的原理图。

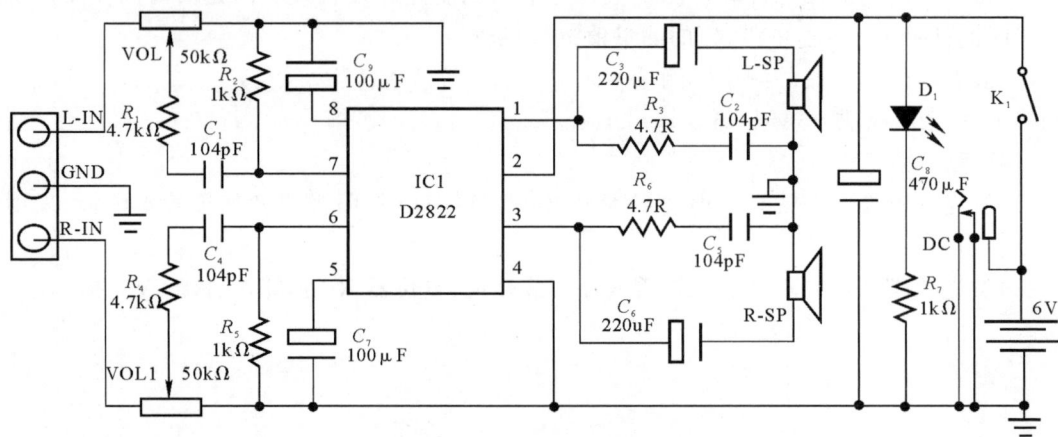

图 8.1.1　迷你小音箱原理图

1. 管脚作用

D2822的7,8,1脚组成左声道功率放大电路,7脚为输入脚,8为负反馈脚,1脚为为输出脚;右声道同左声道结构一样,D2822的6,5,3脚组成右声道功率放大电路,6脚为输入脚,5为负反馈脚,3脚为输出脚,2脚接电源,4脚接地。

2. 基本工作原理

音频信号经L-IN或R-IN分别输入,输入的音频信号经电位器调节,由R_1,C_1或R_4,C_4耦合到D2822的输入端7脚或6脚进行功率放大,放大后的信号由D2822的输出脚1脚或3脚输出,然后经耦合电容C_3,C_6耦合到喇叭,推动喇叭工作。

3. 元件作用分析

C_1,C_4为输入耦合电容;电位器通过改变输入电压来调节音量,左右声道共用,使左右声道音量大小处于平衡状态；C_3，C_6 为输出耦合电容；R_3，C_2 和 R_6，C_5 为消振电路，又叫茹贝尔电路，具有移向避自激的作用；R_2，R_5 为输入偏置电阻；R_7，D_1 组成电源显示电路，D_1 起电源指示的作用，R_7 为发光二极管 D_1 的限流电阻；K_1 为电源开关；DC 插座为电源插座，可外接电源。

第 2 节　迷你小音箱的插装元器件的装配

一、元器件清单领取、清点和识别通孔插装元件

领到元器件后，对照图 8.2.1 所示迷你小音箱电路板插装元件，图 8.2.2 所示迷你小音箱电路板总装元件，以及表 8.2.1 迷你小音箱元件清单目录表，清点并识别元件。清点元器件的数量，牢记元器件封装特点，注意元件封装的极性，读出色环电阻的阻值和误差，电解电容器和无极性电容的容值。发现有不正确的，及时进行更换或补发。注意小螺钉，小塑料件等一定要保存好，避免丢失。

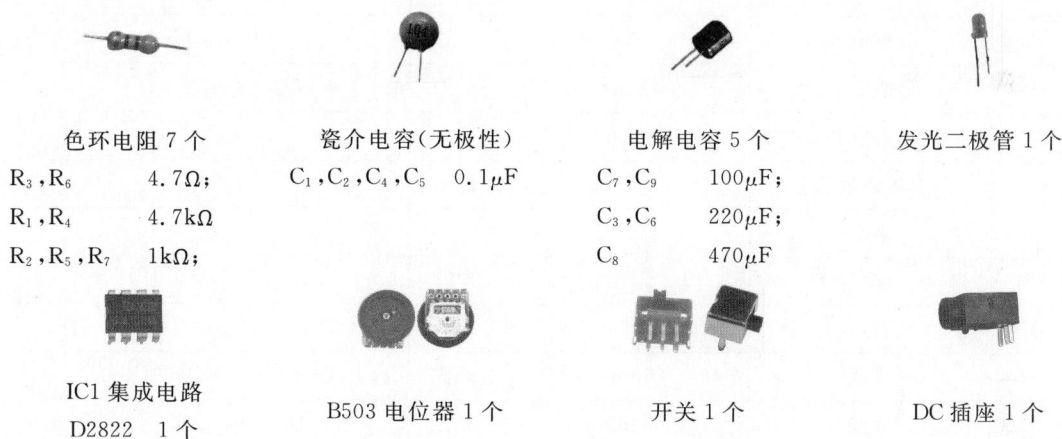

色环电阻7个	瓷介电容（无极性）	电解电容5个	发光二极管1个
R_3，R_6　　4.7Ω；	C_1，C_2，C_4，C_5　0.1μF	C_7，C_9　　100μF；	
R_1，R_4　　4.7kΩ		C_3，C_6　　220μF；	
R_2，R_5，R_7　1kΩ；		C_8　　　470μF	

IC1 集成电路	B503 电位器1个	开关1个	DC 插座1个
D2822　1个			

图 8.2.1　迷你小音箱电路板插装元件

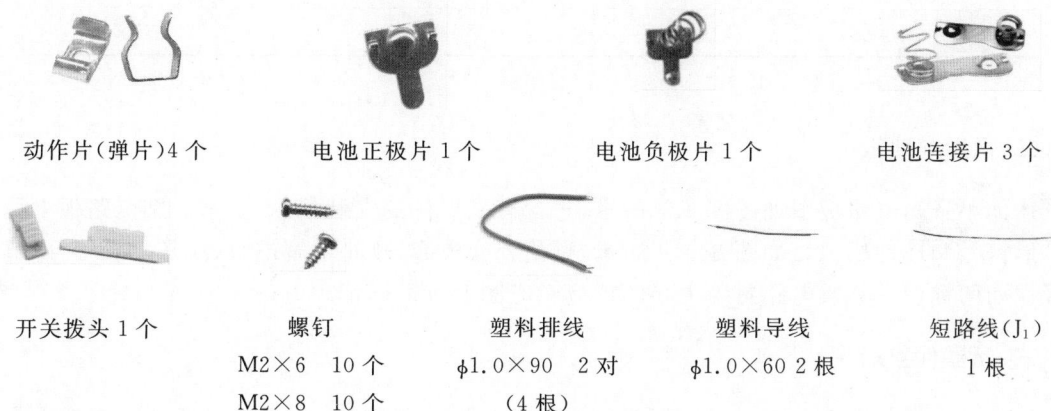

动作片（弹片）4个	电池正极片1个	电池负极片1个	电池连接片3个

开关拨头1个	螺钉	塑料排线	塑料导线	短路线（J_1）
	M2×6　10个	φ1.0×90　2对	φ1.0×60 2根	1根
	M2×8　10个	（4根）		

图 8.2.2　迷你小音箱电路板总装元件

137

表 8.2.1　迷你小音箱元件清单表

序号	名　称	规　格	用　量	位　号
1	线路板	ADS－228	1 片	
2	集成电路	D2822	1 块	IC_1
3	发光二极管	φ3mm 绿色	1 支	D_1
4	电位器	B50K(双声道)	1 只	VR_1
5	DC 插座		1 只	DC
6	开关	SK22D03VG2	1 只	K_1
7	电阻	4.7Ω	2 支	R_3,R_6
8	电阻	4.7kΩ	2 支	R_1,R_4
9	电阻	1kΩ	3 支	R_2,R_5,R_7
10	瓷介电容	104pF	4 支	C_1,C_2,C_4,C_5
11	电解电容	100μF	2 支	C_7,C_9
12	电解电容	220μF	2 支	C_3,C_6
13	电解电容	470μF	1 支	C_8
14	立体声插头		1 根	
15	喇叭	4Ω5W	2 只	
16	电池片		1 套	
17	动作片		4 片	
18	排线	1.0×90mm×2P	2 根	L(L＋、L－),R(R＋、R－)
19	导线	1.0×60mm	2 根	BAT＋,BAT－
20	螺丝	M2×6mm	10 粒	底壳、电路板、动作片
21	螺丝	M2×8mm	10 粒	喇叭座
22	说明书		1 份	

二、识别电路板

迷你小音箱电路板图如图 8.2.3 所示,它含有元器件的安装信息,要求识别电路板上元器件外形符号和极性标识。如图 8.2.4 所示,哪是瓷介电容、哪是电解电容、哪是电阻等,电解电容极性如何标识。集成电路封装上半圆坑应对应图上方形标记。

三、元器件整形

元器件整形如图 8.2.5 所示。短路线按其电路板孔距整形;发光管注意极性和超出电路板的位置,从有棱处整形,采用卧式安装;色环电阻数字环应在上方,误差环应在下方。

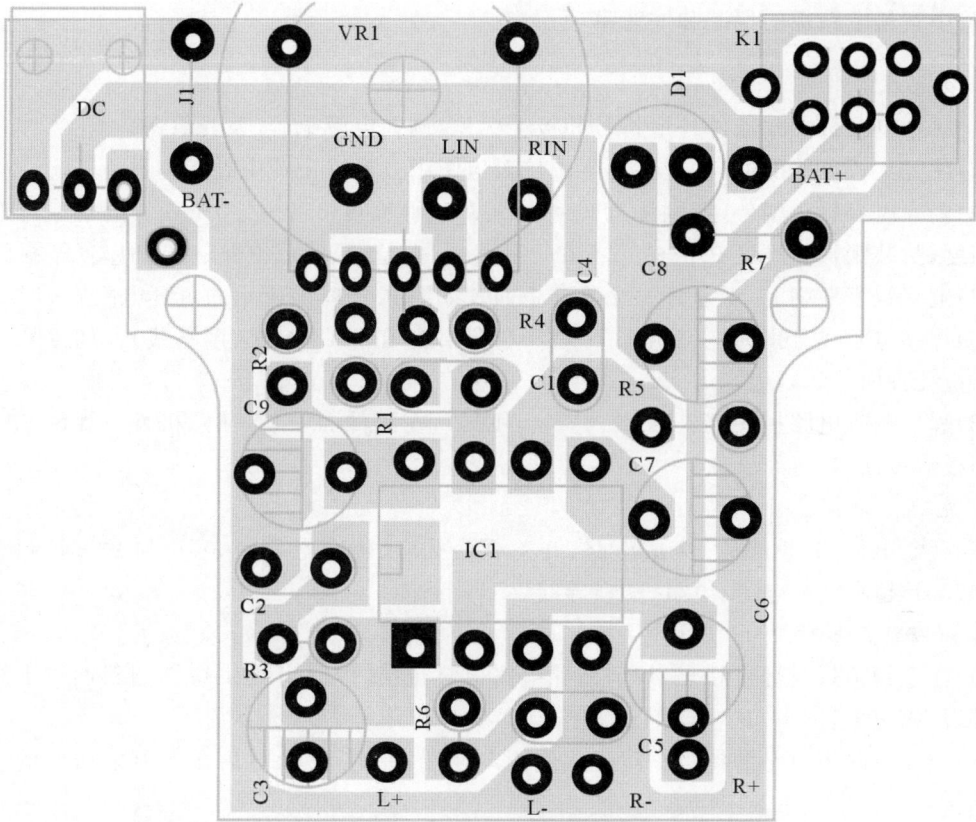

图 8.2.3　迷你小音箱电路板图

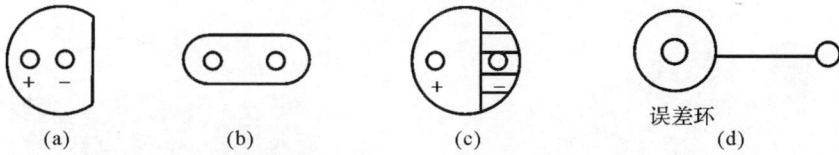

误差环

(a)　　　　　(b)　　　　　(c)　　　　　(d)

图 8.2.4　迷你小音箱电路板总装元件

(a)发光管；　(b)瓷介电容；　(c)电解电容；　(d)电阻

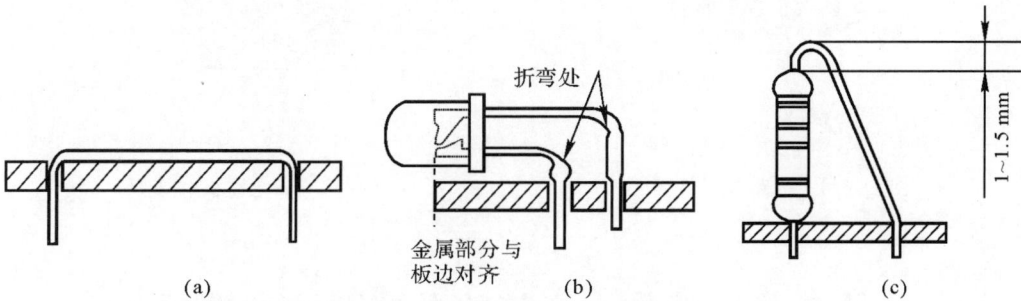

折弯处

金属部分与
板边对齐

1~1.5 mm

(a)　　　　　　　　(b)　　　　　　　　(c)

图 8.2.5　迷你小音箱电路板总装元件

(a)短路线安装图；　(b)发光管 LED 安装图；　(c)色环电阻安装图

四、小音箱电路板的组装和注意事项

1. 安装注意事项

(1)注意电路板上元器件外形符号和极性标识,例如电解电容、发光管等。

(2)注意集成电路的方向,封装上半圆坑对应图中方形标记或电路板有孔一边。

(3)瓷介电容标注朝外(特别注意 C_4),封装距板面高度 $0.5\sim1.0$ mm。电解电容注意极性和高度,封装距板面高度 $0.5\sim1.5$ mm。短路线、电位器、集成电路、DC 插座紧贴板面。

(4)电阻数字环朝上,误差环一端紧贴板面。如图 8.2.5(c)所示的色环电阻安装图。

(5)焊接电源线分别为电路板上 BAT+(接红线)和 BAT-处(接黑线)。如图 8.2.6 所示电路板元件面。

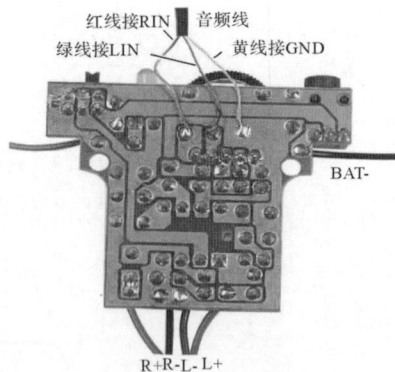

(6)焊接喇叭电路板一端(L+,L-,R-,R+),在元件面安装,注意极性。如图 8.2.7 所示电路板焊接面。

2. 元器件的安装顺序

短路线、电位器、发光管、集成电路、开关、DC 插座、瓷介电容、100μF 和 220μF 超小电解电容、470μF 超小电解电容、电阻、塑料导线。

3. 焊接注意事项

(1)注意铜箔焊盘焊接特点,焊前清除电路板氧化层,焊时可减小烙铁圆斜面与引线的角度,不要焊锡过多。

(2)注意电路板过小的特点。可先压倒固定一端,焊另一端,然后搬起刚才压倒的一端进行焊接。

(3)导线可采用钩焊来增加强度。

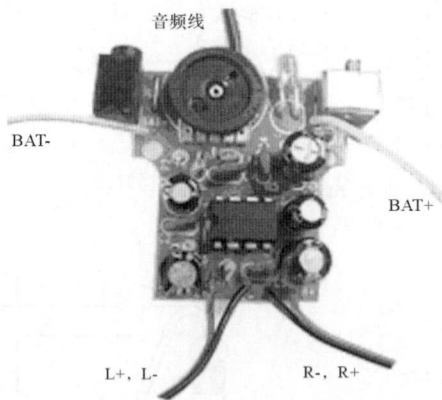

图 8.2.6　电路板元件面

图 8.2.7　电路板焊接面

第 3 节　迷你小音箱的总装及注意事项

外壳零件:喇叭座(圆球壳)、喇叭座盖((圆面壳)、底壳、电池盒(有 4 个电池槽)、电池盒后盖。

注意事项：塑料壳内部均为小螺钉，外部为长螺钉。上螺钉注意力度，防止电路板和塑料壳发生裂纹。

(1)焊音频线。注意用带锡端头焊接，否则不导通。如图 8.2.6 所示电路板焊接面，在焊接面安装；黄端焊 GND、红端焊 RIN、绿端焊 LIN。

(2)焊接喇叭线喇叭一端，左喇叭线焊在左喇叭焊片上，右喇叭线焊在右喇叭焊片上。注意极性红正黑负。足球音箱注意喇叭线从圆球壳孔中穿入。

(3)装电池片。如图 8.3.1 所示装配，焊电源线到电池盒内侧电池正负极片上，特别要注意极性，否则易烧毁集成电路，红线正极片上，黑线负极片上，焊接速度要快，否则易烫伤电池盒。

(4)装电池。注意极性和集成电路是否发烫，若集成电路发烫，必须立刻去下电池。可临时装上电池盒后盖以防电池脱落。

(5)试听。插上音频线到收音机或手机上，声音应洪亮且两个喇叭声音一样大。拆掉电池，继续下步装配。

(6)固定喇叭。如图 8.3.2 所示，将喇叭装入喇叭座(圆球形壳体)内，注意电源线朝下，用电烙铁烫圆球形壳体内侧里面的边棱，使棱口内收以固定喇叭。

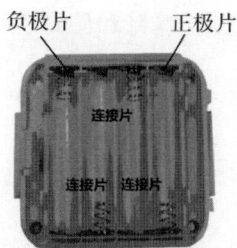

图 8.3.1　装焊电池片　　　　　　图 8.3.2　固定喇叭和喇叭座收口示意图

(7)装喇叭座(圆球壳)和喇叭座盖(圆面壳)。如图 8.3.3 所示，将网球音响从喇叭座的细槽中穿出，注意一对喇叭线从左边穿出，另一对喇叭线从右边穿出。装喇叭座盖，如图 8.3.3 所示黑点处圆壳上 3 个螺钉，临时固定，以防装错线或断线重装。

(8)装动作片(弹片)。如图 8.3.4 所示，开口向上，上螺钉。

图 8.3.3　装喇叭座　　　　　　　图 8.3.4　在电池盒上装动作片(弹片)

(9)装电路板。如图 8.3.5 所示,注意音频线要放入侧孔中,捋顺电源线,防止夹线,上自攻螺钉。

(10)装底壳螺钉。如图 8.3.6 所示左图预上螺钉,在底壳上装一个螺钉,用大螺丝刀在预上 2 圈,注意不要过深。如此空上其他 3 个螺钉孔,上后拆除。目的是使 4 个螺钉孔微微扩大以方便正式上螺钉。如图 8.3.6 右图正式上螺钉,将底壳和电池盒装在一起,最后用小螺丝刀正式上连接底壳和电池盒的斜对脚的 2 个螺钉,不要上完。

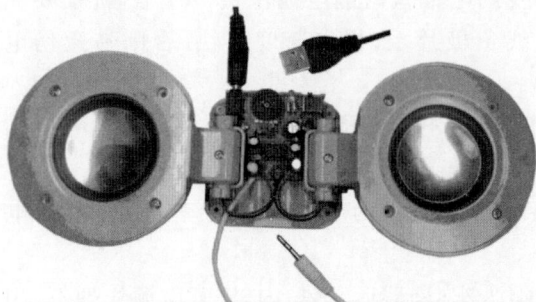

图 8.3.5 装电路板和喇叭座盖上螺钉

图 8.3.6 预上和正式上底壳和电池盒连接螺钉

(11)试听无问题后,装电池及电池后盖,装未装的底壳螺钉和圆球壳上螺钉,最后将底座弯月面朝上插入底壳,装好后如图 8.3.7 所示。

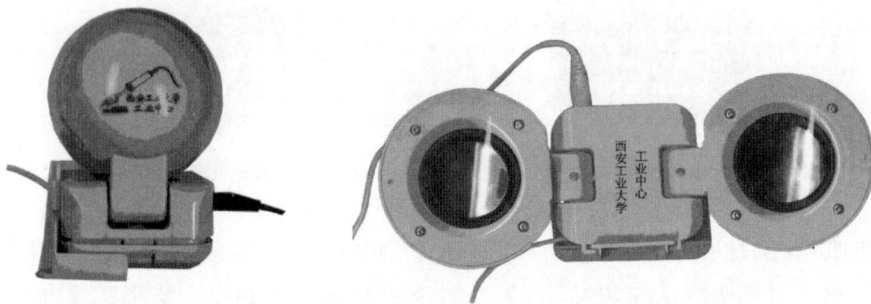

图 8.3.7 小音箱总装完成图

第 4 节 迷你小音箱的常见故障排除

一、电源灯不亮

(1)电源线是否接好,有无线断。

(2)R_7 是否开路。

(3)开关是否损坏。

(4)发光二极管是否接反。

二、左右喇叭均无声

(1)电源是否装反,集成电路是否烧坏。

(2)音频插头是否插好。

(3)音频线是否断开或焊接在绝缘层上。

三、左喇叭或右喇叭无声

(1)左喇叭或右喇叭连线是否接好。

(2)L－IN 或 R－IN 连线是否接好。

(3)左喇叭不响看 C_1,R_2,C_3,RV 电位器是否开路;C_9 是否短路;R_2 是否短路或开路。

(4)右喇叭不响看 C_4,R_5,C_6,RV 电位器是否开路;C_7 是否短路;R_5 是否短路或开路。

四、音量小

(1)左喇叭音量小看 C_9 是否开路。

(2)右喇叭音量小看 C_7 是否开路。

(3)集成电路 D2822 是否损坏。

(4)RV 电位器质量不佳。

五、交流声大或啸叫

(1)嗡嗡响看 C_8 是否漏电、击穿或开路。

(2)左喇叭啸叫看 C_2 和 R_3 是否开路和短路。

(3)右喇叭啸叫看 C_5 和 R_6 是否开路和短路。

六、集成电路各管脚对地电压均高

电路板对地开路,即电池负端开路。

第 9 章

万用表的使用技术

万用表又称为三用表或多用表,它是电力、电子、实验等领域不可缺少的维修及测量工具,具有操作简单、功能齐全、便于携带、价格低廉、一表多用等特点。

万用表分指针式万用表和数字式万用表。数字式万用表比指针式万用表准确度高,但难以像指针式万用表那样直观地反映被测量的连续变化过程和变化趋势。

第 1 节　960 型指针式万用表的使用

960 型指针式万用表面板如图 9.1.1 所示,现在以 960 型指针式万用表为例来说明如何使用指针式万用表。

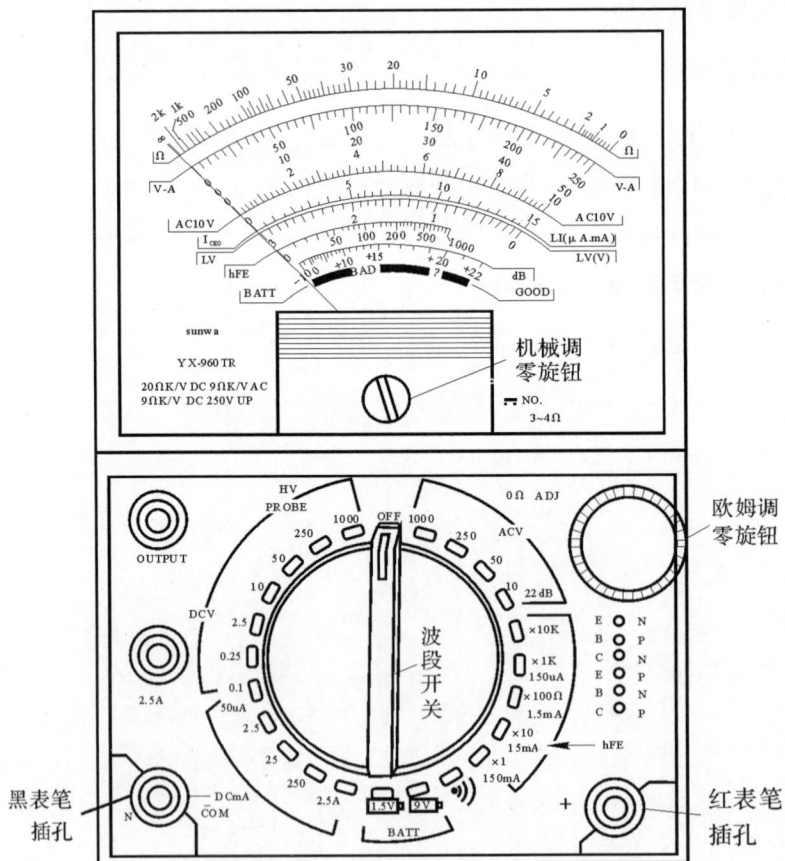

图 9.1.1　960 型指针式万用表面板

一、指针式万用表基本功能挡位的选择

万用表的基本功能有欧姆挡(Ω)、直流电流挡(DCmA)、直流电压挡(DCV 或"$\underline{V}$")、交流电压挡(ACV 或"$\underset{\sim}{V}$"),可通过"波段开关"进行选择。

二、指针式万用表的调零

万用表的零位是测量的数据基准,如果基准不对,势必造成比较大的测量系统误差。万用表的调零是指将万用表的指针调到刻度盘的零位上,指针式万用表都有两个调零系统,一个称为机械调零,一个称为电气调零。

1. 机械调零

应用范围:对所有测量功能均有影响,一般情况下机械零位不容易发生变化因此并不需要经常调整。

原因:机械零位的基准点在表盘刻度的左侧。指针停留的位置是由支撑表针的上、下游丝的平衡点来决定的。由于外力、震动等客观因素会造成上、下游丝的平衡点发生变化使指针偏离表盘刻度左侧的零位,从而引起各测量功能的系统误差。

操作:检查表针是否在最左侧"0"处。当表针不在"0"处时,可以用一把小一字螺丝刀插入表头下部有机玻璃盖上的塑料旋钮"机械调零旋钮"轻轻左右旋转就可以将表针调回零位。每次使用万用表前必须检查一下。

2. 电气调零

应用范围:只对欧姆挡测量功能有影响,所以又叫欧姆调零。使用欧姆挡测量前要进行电气调零,在更换不同欧姆挡量程时要重新进行电气调零。

原因:电气零位的基准点在表头第一条刻度的右端。在测量电阻的过程中,每次更换挡位都会引起电流在万用表内部的重新分配,表头支路的电流就会增加或者减少使指针偏离刻度零位;即使在同一个挡位,如果电池的电位下降也会使指针偏离零位。无论是上述的哪种情况引起的指针偏离零位都需要进行零位调整。

操作:将红、黑表棒接通,此时表针若不能指向右侧"0"处,可调整波段开关附近的"欧姆调零旋钮"(调零电位器),使表针指向右侧"0"处。当在电阻×1挡调不到零位时,有可能是因为电池的电压不足引起的,可以考虑更换电池。

三、指针式万用表的刻度读法

1. 刻度线的选择

如图 9.1.2 所示,指针式万用表一般都有 3 条主要的刻度,从上向下排列有电阻测量刻度"Ω",电流、交直流电压共用测量刻度"V—A",10V 以下交流电压测量刻度"AC10V"。第三条刻度是为了测量 10V 以下的交流电压而专门绘制的,这条刻度是非线性的刻度,它迎合了晶体二极管在低电压时伏安特性的非线性的特点,从而保证了测量低交流电压的准确度。

2. 欧姆挡(Ω)的刻度读法

测量电阻时在第一条刻度上读取读数后再乘以挡位开关所指的数值就是所测量的电阻的阻值。

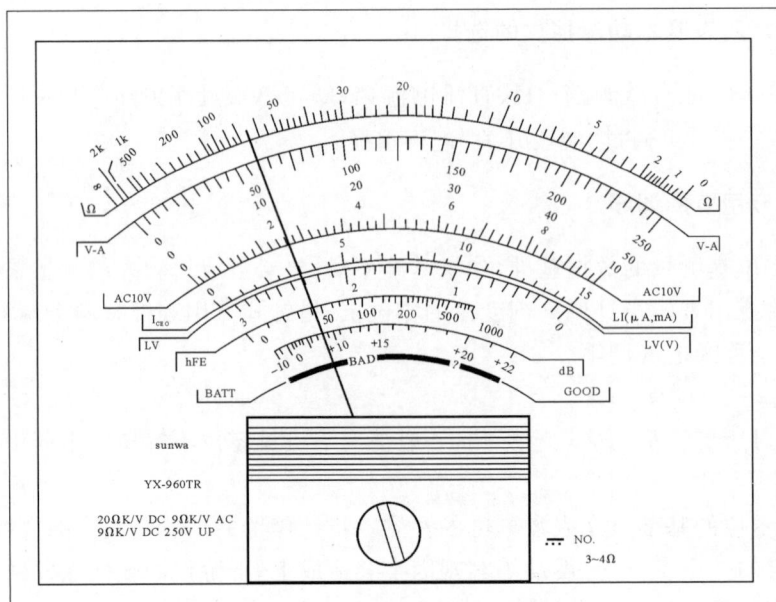

图 9.1.2　960 型指针式万用表刻度盘

3. 直流电流(DCmA)、直流电压挡(DCV 或 $\underset{\sim}{V}$)和交流电压挡(ACV 或 $\underset{\sim}{V}$)的刻度读法

测量直流电流、交直流电压时共用第二条刻度,这条刻度的下方共有 3 行数字,最右端刻度下的整数称为满刻度值。那么在测量的过程中读哪一行数字呢？原则上可以在任意一行数字上读取数值,因为每一行的满刻度值和挡位开关指示的挡位值呈一定的倍数关系,所以读出数值要乘以挡位值和满刻度值之比的这个倍数才是实际的电压数值,从方便的角度上,可选 $10^{\pm n}$ 倍数关系。例如,在测量电压的过程中,挡位开关在 2.5V 位置上,当表针偏移到最右端的刻度时,无论看哪一行数字测量值都应该是 2.5V,看第一行数字,它的满度值是 250V,它们就是 10^{-2} 倍的关系,读数要乘以 10^{-2} 才是实际电压值。

有时表针停留在小的分度上会感觉不便于读出,实际上是不清楚一小格代表了多少数值,其实挡位值除以小格总数就是这一行数字一小格所代表的数值。例如,在 2.5V 位置上,一小格为 2.5/50=0.05V。先通过刻度下方的数字读出表针附近粗线刻度数值,然后读出表针距粗线多出或少出的小格数值,最后将其进行加减计算。例如,在 2.5V 挡,表针停在如图 9.1.2 所示位置,先读出表针附近粗线刻度值(50)代表的电压值 $50 \times 10^{-2} = 0.5$ V,再读出表针距粗线多出小格数(2)代表的电压值 $+2 \times 0.05 = +0.1$V,然后将它们组合到一块 0.5+0.1 = 0.6 V。

四、指针式万用表的测量

1. 电阻的测量

(1)使用万用表测量电阻时被测量的对象不能有电压存在,也就是说测量电阻时被测对象的电源一定要关掉。

(2)使用前首先将万用表的两只表笔短接,旋转调零电位器进行电气调零。

(3)在测量的过程中不要使双手同时接触电阻的两端,这样会将人体电阻和测量电阻并联在一起引起测量误差,特别是在测量大阻值的电阻时这种现象造成的误差就更明显。

(4)测试电阻时要选取合适的挡位,使表的指针能够指示在表盘刻度弧的中间1/3的范围之内,这样可以减少测量误差。

(5)表盘的第一条刻度是电阻刻度,电阻的测量值从这条刻度上读出后再乘以挡位开关所指示的挡位值就可以得到电阻的真实值了。

(6)如果被测量的电阻在电路里连接着,那么测量值一定会小于或者等于被测电阻的真实值,这是因为被测电阻在电路中已经和其他电阻形成了并联关系。

2. 交、直流电压的测量

(1)测量安全。电压的测量一定要注意安全,养成单手操作的习惯,特别是在测量高电压时,身体不应该接触表笔的金属裸露部分,也不应该接触到被测对象。

(2)挡位的选取。测量前先估计被测点的电压高低,选取合适的挡位进行测量,以免造成由于量程太低电流过大将表针打弯。如果不清楚被测点的电压的高低,可以先将万用表的电压挡位放高一些进行测量,得到电压数值后再选取合适的挡位进行测量。

(3)参考点的选取。交、直流电压的测量存在一个参考点的选取问题,因此要清楚需要测量的电压是相对什么的电压。一般情况下,如果没有特别的说明都是对地电压,也就是说地是参考点,地一般指的是电源的负极。

地有数字地和模拟地、热地和冷地、虚地和实地等。例如,一台仪器内部包含有数字电路和模拟电路时,往往这两部分电路并不是一个接地端,再例如在某些电视机电路中电源电路和负载电路是相互隔离的分为热地端和冷地端,它们也不是一个接地端,因此测量的被测量点和接地端之间必须是在同一个系统中,否则可能引起错误的测量结果。虚地端和电源地无连接关系,不能作为测试参考点,这要对电原理图进行分析,分清楚哪些是虚地端,哪些是实地端。

在印制板上一般接地端印刷导线占用的铜箔面积都比较大,可以在板子上直接进行测量。

(4)表笔接法。对于直流电压的测量要将负表笔(黑表笔)接在接地端(低电位端),红表笔接在需要知道电压高低的点上就可以进行测量了。对于交流电压的测量,因为交流电压没有极性,可以不必关注正、负表笔接哪一个点。如果要知道某器件两端的电压降,两支表笔直接接触该器件的两端就可以了。

(5)测量误差。测量电压时要注意,所使用的万用表的型号不同测量的结果会有所差别。正常的电压值可以通过厂家提供的参数也可以使用经验数据,或者从对电路原理的分析中得到。

3. 直流电流的测量

(1)测量安全。电流的测量一定要注意安全,养成单手操作的习惯,特别是在测量大电流时,身体不应该接触表笔的金属裸露部分,也不应该接触到被测对象。

(2)直接测量法。对某段电路进行电流测量时,必须将万用表和该段电路串联起来进行测量。测量整机电流时可以将电源开关关掉,用万用表的两支表笔接在开关的两端进行测量。

(3)间接测量法。测量电流时需要将电流表串接在被测点中,这就需要先在板子上将电路断开再串入万用表进行测量。在有些电路中设计者为了调试和维修的方便,往往在设计印制电路板时有意设计一些开口用于测量电流,在产品调试时可以将电流表的两个表笔直接接在开口的两端进行测量。测量结束后用短路线或者少量的焊锡将开口封闭。如果是维修需要测量则打开开口进行测量,注意测量完毕后不要忘记封闭开口。

当不需要精确的测量结果时,可以采用间接的测量方法测量电流。如图 9.1.3 所示要测量 R 上的电流时,可以先测量该元件上的电压降,然后根据欧姆定律 $I_e = V/R$ 计算出电流值。

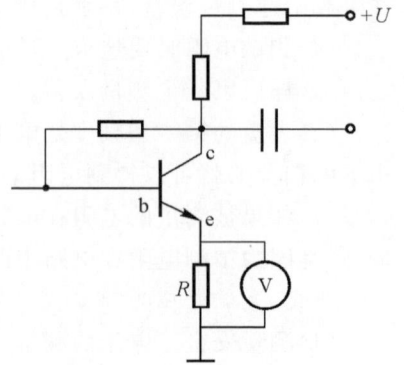

图 9.1.3　间接测量法

五、指针式万用表的使用注意事项

(1)正确插好红、黑表棒孔。有些万用表的表棒孔多于两个,常用的只有两个其余均为功能扩展插孔。在进行一般测量时,红表棒插"＋"标记的孔中,黑表棒插"－"标记的孔中,当要测量较大的电流时就要用到电流挡扩展插孔。在测量直流电压时,如果红、黑表棒接反,表针就会发生反方向偏转,这样可能会损伤表头。

(2)由于测量直流电流或电压时,表内电池不供电,因而在测量时要给被测电路通电。而测电阻时,要使用表内电池供电,因此要把外电路电源断开,若有电容应先放电,否则可能损坏万用表。

(3)在测量 220V 交流电压时,手不要碰到表棒头部的金属部位,表棒线不能有破损(常有表棒线被烙铁烫坏)。测量时,应先将黑表棒接地端,再连接红表棒。

(4)测量较大电压或电流的过程中,不要带电去转换万用表的量程开关,否则会烧坏开关触点。

(5)在直流电流挡时不能去测量电压,因为在直流电流挡时表头的内阻很小,红、黑表棒两端只要有较小的电压,就会有很大的电流流过表头,容易将表头烧坏。

(6)万用表使用完毕,将挡位开关置于空挡或置于最高电压挡,不要置于电流挡,以免下次使用时不加注意就去测量电压从而引起万用表的损坏;也不要置于欧姆挡,以免表棒相碰造成表内电池消耗。

(7)万用表的交流电压挡指示刻度盘是针对 50Hz 正弦波交流电设计的,因此在测量非50Hz 正弦电压或其他各频率非正弦电压时,所测得的电压是不准确的。

(8)交流电压指示刻度是按正弦波电压有效值设计的。

(9)在进行精确测试时,应将万用表水平放置。

(10)万用表在使用中不应受到震动,保管时不应受潮。

第 2 节　UT39A 型数字万用表的使用

本节以图 9.2.1 所示的 UT39A 型数字万用表为例来说明如何使用数字万用表。

一、数字万用表基本功能挡位的选择

如图 9.2.2 所示,数字万用表的功能有欧姆挡(Ω)、交流电压挡(V～)、直流电压挡($\overline{\text{V}}$)、晶体管参数测量挡(hFE)、交流电流挡(A～)、直流电流挡(A━)、电容挡(F)、二极管和蜂鸣通断挡(━◄》),可通过"波段开关"进行选择。

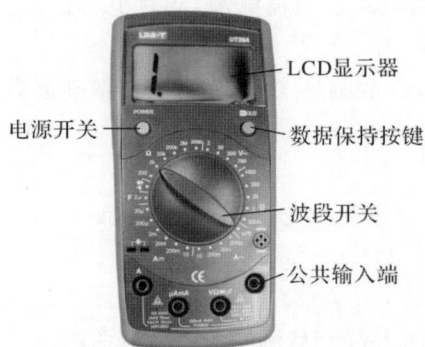

图 9.2.1   UT39A 型数字万用表面板图

图 9.2.2   数字万用表的功能挡位

二、数字万用表的其他功能

数字万用表比指针式万用表功能齐全,主要表现在下述几方面。

1. 电源开关按键

黄色 POWER 键为电源开关按键,当被按下时,数字表电源即被接通;当处于弹起状态时,数字表电源即被关闭。使用中注意观察 LCD 显示屏,若出现符号"▰"时,则表明电池电量不足,为了确保测量精度,须及时更换电池。

2. 自动关机

该数字表同时设置有自动关机功能,当仪表工作约 15min,电源将自动切断,数字表进入休眠状态,此时仪表约消耗 $10\mu A$ 的电流。数字表自动关机后,若要重新开启电源,则需重复按动电源开关两次。因此,使用中当数字表的 LCD 上无显示时,首先应确认仪表是否已自动关机。

3. 数据保持显示

按下蓝色 HOLD 键,数字表 LCD 上保持显示当前测量值,再次按一下该 HOLD 键则退出数据保持显示功能。

4. 自动调零功能

数字万用表除电容挡外,具有自动调零的功能。

5. 过载和极性显示功能

被测电压/电流极性与表笔极性不一致时,能自动显示负号;电阻、电流、电压、电容过载时显示 1 或 -1。

三、数字万用表的测量

1. 电阻的测量

(1)将红表笔插入"VΩ"插孔,黑表笔插入"COM"插孔。

(2)将波段开关置于"Ω"挡,将测试表笔并接到待测电阻两端。

(3)从显示器上读取测量结果。

使用应注意事项:

(1)测在线电阻时,为了避免数字表受损,须确认被测电路已关掉电源,同时电容已放完电,方能进行测量。

(2)在200Ω挡测量电阻时,表笔引线会带来0.1～0.3Ω的测量误差,为了获得精确读数,可以将读数减去红、黑两表笔短路读数值为最终读数。

(3)当无输入时,例如开路情况,数字表显示为"1"。

(4)在被测电阻值大于1MΩ时,数字表需要数秒后方能读数稳定,属于正常现象。

2. 交、直流电压的测量

(1)将红表笔插入"VΩ"插孔,黑表笔插入"COM"插孔。

(2)将功能开关置于"V～"或"$\overline{V}$"量程挡,并将测试表笔并联到待测电源或负载两端。

(3)从显示器上读取测量结果。

使用应注意事项:

(1)不知被测电压范围时,请将波段开关置于最大量程,根据读数需要逐步调低测量量程挡。

(2)当LCD只在最高位显示"1"时,说明已超量程,需调高量程。

(3)不要输入高于1 000V或750 Vrms的电压,显示更高电压值是可能的,但有损坏仪表内部线路的危险。

(4)测量高电压时,要格外注意,以避免触电。

(5)在完成所有的测量操作后,要断开表笔与被测电路的连接,并从数字表输入端拔掉表笔。

3. 交、直流电流的测量

(1)将红表笔插入"uAmA"或"A"插孔(当测量200mA以下的电流时,插入"uAmA"插孔;当测量200mA及以上的电流时,插入"A"插孔),黑表笔插入"COM"插孔。

(2)将波段开关置于"A～"或"A$\overline{}$"量程,并将测试表笔串联接入到待测负载回路里。

(3)从显示器上读取测量结果。

使用应注意事项:

(1)当开路电压与地之间的电压超过安全电压60VDC或30Vrms时,请勿进行电流的测量,以避免数字表或被测设备的损坏,以及伤害到自己,因为这类电压会有电击的危险。

(2)在测量前一定要切断被测电源,认真检查输入端子及波段开关位置是否正确,确认无误后,才可通电测量。

(3)不知被测电流值的范围时,应将量程开关置于高量程挡,根据读数需要逐步调低量程。

(4)若输入过载,内装保险丝会熔断,须予更换。保险丝外形尺寸:φ5mm×20mm,规格F0.315A/250V。

(5)测试大电流时,为了安全使用数字表,每次测量时间应小于10s,测量的间隔时间应大于15min。

4. 二极管和蜂鸣通断的测量

(1)将红表笔插入"VΩ"插孔,黑色表笔插入"COM"插孔。

(2)将波段开关置于二极管和蜂鸣通断测量"➔•))"档位。

(3)二极管的测量:若将红表笔连接到待测二极管的正极,黑表笔连接到待测二极管的负极,则LCD上的读数为二极管正向压降的近似值。

(4)蜂鸣器通断:将表笔连接到待测线路的两端,若被测线路两端之间的电阻$>70\Omega$,则认为电路断路;若被测线路两端之间的电阻$\leqslant 10\Omega$,则认为电路良好导通,蜂鸣器连续声响;若被测线路两端之间的电阻在 $10\sim70\Omega$ 之间,蜂鸣器可能响,也可能不响。同时 LCD 显示被测线路两端的电阻值。

使用应注意事项:

(1)如果被测二极管开路或极性接反(即黑表笔连接的电极为"＋",红表笔连接的电极为"－")时,LCD 将显示"1"。

(2)用二极管挡可以测量二极管及其他半导体器件 PN 结的电压降,对一个结构正常的硅半导体,正向压降的读数应该是 0.5~0.8V 之间。

(3)为了避免数字表损坏,在测试二极管前,应先确认电路已被切断电源,电容已放完电。

5.电容的测量

(1)将波段开关置于电容量程(F)挡。

(2)将待测电容插入到电容测试输入端,若测得结果超量程,LCD 上将显示"1",此时需调高量程。

(3)从显示器上读取读数。

使用应注意事项:

(1)所有的电容在测试前必须充分放电。

(2)当测量在线电容时,必须先将被测线路内的所有电源关断,并将所有电容器充分放电。

(3)如果被测电容为极性电容,测量时应按面板上输入插座上方的提示符将被测电容的引脚正确地插入。

(4)测量电容时应尽可能使用短连接线,以减少分布电容带来的测量误差。

(5)每次转换量程时,归零需要一定的时间,这个过程中的读数漂移不会影响最终测量精度。

(6)不要输入高于直流 60V 或交流 30V 的电压,避免损坏仪表及伤害到自己。

6.晶体管参数的测量

(1)将波段开关置于 hFE。

(2)首先确定好待测晶体管的极性,是 PNP 还是 NPN 型;正确将基极(B)、发射极(E)、集电极(C)对应插入四脚测试座,显示器上即显示出被测晶体管的 hFE 近似值。

(3)从显示器上读取读数。

附　录

附表 1　国产电阻器的型号命名及含义

第一部分:主称		第二部分:电阻体材料		第三部分:类别		第四部分:生产序号
字　母	含　义	字　母	含　义	数字或字母	含　义	数　字
R	电阻器	C	沉积膜或高频瓷	1	普通	用数字表示外形尺寸及性能
		F	复合膜	2	普通或阻燃	
		H	合成碳膜	3 或 C	超高频	
		I	玻璃釉膜	4	高阻	
		J	金属膜	5	高温	
		N	无机实心	7 或 J	精密	
		S	有机实心	8	高压	
		T	碳膜	9	特殊(如熔断型等)	
		U	硅碳膜	G	高功率	
		X	线绕	L	测量	
		Y	氧化膜	T	可调	
		O	玻璃膜	X	小型	
				C	防潮	
				Y	被釉	
				B	不燃性	

注:例如,RJ75 为精密金属膜电阻器,RT10 为普通碳膜电阻器。

附表2　国产电位器的型号命名及含义

第一部分：主称		第二部分：电位器材料		第三部分：类别		第四部分：生产序号
字母	含义	字母	含义	字母	含义	数字
W	电位器	J	金属膜	J	单圈旋转精密类	用数字表示外形尺寸及性能
		Y	氧化膜	D	多圈旋转精密类	
		T	碳膜	Z	直滑式低功率类	
		H	合成碳膜	M	直滑式精密类	
		I	玻璃釉膜	P	旋转功率类	
		F	复合膜	X	小型或旋转低功率类	
		X	线绕	G	高压类	
		N	无机实心	H	组合类	
		S	有机实心	W	微调或螺杆驱动预调类	
		D	导电塑料	R	耐热类	
		U	硅碳膜	T	特殊型	
				B	片式类	
				Y	旋转预调类	

附表3　敏感电阻器的型号命名方法

第一部分		第二部分		第三部分													第四部分
主称		类别		热敏电阻		压敏电阻		光敏电阻		湿敏电阻		气敏电阻		磁敏电阻		力敏电阻		序号
字母	含义	字母	含义	数字	用途或特征	字母	用途或特征	数字	用途或特征	字母	用途或特征	字母	用途或特征	字母	用途或特征	数字	用途或特征	
M	敏感电阻器	F	负温度热敏	1	普通Z,F	无	普通型	1	紫外线	C	测湿	Y	烟敏	Z	电阻器	1	硅应变片	外形尺寸及性能参数
		Z	正温度热敏	2	稳压F	D	通用	2	紫外线	K	控湿	K	可燃气	W	电位器	2	硅应变梁	
		Y	压敏	3	微波测量F	B	补偿用	3	紫外线	无	通用型	J	酒精			3	硅林	
		G	光敏	4	旁热F	C	消磁用	4	可见光			N	N型元件					
		S	湿敏	5	测温Z,F	E	消噪用	5	可见光			P	P型元件					
		C	磁敏	6	控温Z,F	G	过压保护用	6	可见光									
		L	力敏	7	消磁Z	H	灭弧用	7	红外光									
		Q	气敏	8	线性F	K	高可靠用	8	红外光									
				9	恒温Z	L	防雷用	9	红外光									
				0	特殊F	M	防静电用	0	特殊									
						N	高能型											

续表

第一部分		第二部分		第三部分														第四部分
主称		类别		热敏电阻		压敏电阻		光敏电阻		湿敏电阻		气敏电阻		磁敏电阻		力敏电阻		序号
字母	含义	字母	含义	数字	用途或特征	字母	用途或特征	数字	用途或特征	字母	用途或特征	字母	用途或特征	字母	用途或特征	数字	用途或特征	序号
M	敏感电阻器					P	高频用											外形尺寸及性能参数
						S	元器件保护用											
						T	特殊型											
						W	稳压用											
						Y	环型											
						Z	组合型											

附表4　国产电容器的型号命名及含义

第一部分:主称		第二部分:电容器材料				第三部分:类别（形状、结构、大小）							第四部分:序号
		有机		无机		数字	含义				字母	含义	
字母	含义	字母	含义	字母	含义		瓷介	云母	有机	电解			
C	电容器	Z	纸介	Y	云母	1	圆片	非密封	非密封	箔式	G	高功率	外形尺寸及性能
		J	金属化纸介	C	高频陶瓷	2	管形	非密封	非密封	箔式	J	金属化	
		H	纸膜复合	T	低频陶瓷	3	叠片	密封	密封	烧结粉液体	T	叠片式	
		V	云母纸	O	玻璃膜	4	独石	密封	密封	烧结粉固体	W	微调型	
		L	聚酯(涤纶)等	I	玻璃釉	5	穿心		穿心		Y	高压型	
		B	聚苯乙烯等	G	合金电解质	6	支柱形等				L	立式矩形	
		Q	漆膜	D	铝电解	7				无极性	M	密封型	
		E	其他材料电解	A	钽电解	8	高压	高压	高压		X	小型	
				N	铌电解	9		特殊	特殊				

注:(1)B表示除聚苯乙烯外其他非极性薄膜时,在B后加一个字母区分具体材料。例如,BB表示聚丙烯;BF表示聚四氟乙烯。

(2)L表示涤纶外其他聚酯类有机薄膜时,在L后加一个字母区分具体材料。例如,LS表示聚碳酸酯。

例如,CT3表示叠片形低频瓷介电容器。

附表 5　部分国产电感器的型号命名及含义

第一部分:主称		第二部分:特征或用途		第三部分:型号		第四部分:区别代号
字　母	含　义	字　母	含　义	X	小　型	用字母 A,B,C,D 等表示
L	线圈	G	高频			
ZL	阻流线圈					

注:例如,LGXA 为小型高频电感器。

附表 6　部分国产变压器的型号命名及含义

第一部分:主称			第二部分:外形尺寸或功率		第三部分:序号
字　母	用几个字母组合表示中频变压器的用途和结构	含　义	用数字表示外形尺寸	1:7mm×7mm×12mm	用数字表示
T		中频变压器		2:10mm×10mm×14mm	
L		线圈或振荡线圈		3:12mm×12mm×16mm	
T		磁性瓷芯式		4:20mm×25mm×36mm	
F		调幅收音机用			
S		短波段			
DB	一个字母和字母 B 组合表示低频变压器的用途	电源变压器	用数字表示功率		
CB		音频输出变压器			
RB 或 TB		音频输入变压器			
GB		高压变压器			
HB		灯丝变压器			
SB 或 ZB		音频(定阻式)输送变压器			
SB 或 EB		音频(定压式或自耦式)输送变压器			
KB		开关变压器			

注:例如,TTF11 表示尺寸为 7mm×7 mm×12 mm 调幅收音机用磁性瓷芯中频变压器。DB203 为 20W 低频电源变压器。

附表 7 国产晶体管的型号命名方法及含义

第一部分	第二部分	第三部分		第四部分	第五部分
用数字表示电极数目	用汉语拼音表示材料与极性	用汉语拼音表示类别(用途、特征)		用数字表示序号	用汉语拼音表示规格号
2:二极管	A:N 型,锗 B:P 型,锗 C:N 型,硅 D:P 型,硅	P:普通管 W:稳压管 Z:整流管 L:整流堆 K:开关管 N:阻尼管 U:光电管 V:微波管 C:参量管 S:隧道管 FH:复合管 B:雪崩管	X:低频小功率管 G:高频小功率管 D:低频大功率管 A:高频大功率管 T:半导体闸流管 Y:场效应器件 J:阶跃恢复管 CS:场效应器件 BT:半导体特殊器件 JG:激光器件 PIN:PIN 管 I:可控整流器件		
3:三极管	A:PNP 型,锗 B:NPN 型,锗 C:PNP 型,硅 D:NPN 型,硅 E:化合物材料				

注:$f<3MHz$ 为低频管,$f>3MHz$ 为高频管,$Pc<1W$ 为小功率管,$Pc>1W$ 为大功率管。例如,3AX31 为锗材料 PNP 型低频小功率管三极管,2DW 为 P 型、硅材料稳压二极管。

附表 8 国外半导体分立器件的型号命名

附表 8.1 日本半导体器件的型号命名及含义

第一部分	第二部分	第三部分	第四部分	第五部分
用数字表示器件的电极数目或类型	用 S 表示日本电子工业协会注册产品	用字母表示元器件的极性或类型	用数字表示登记的顺序号	用字母表示对原型号的改进产品
0:光电管或光电二极管或包括上述器件的组合管。 1:二极管。 2:三极管或晶闸管或具有三个电极的其他器件	S表示已在日本电子工业协会注册登记的半导体分立器件	A:PNP 型高频管 B:PNP 型低频管 C:NPN 型高频管 D:NPN 型低频管 M:双向可控硅 F:P 控制极可控硅 G:N 控制极可控硅 J:P 沟道场效应管 K:N 沟道场效应管	用两位以上的数字如从 11 开始表示在日本电子协会登记的顺序号,其数字越大越是近期产品	用字母 A,B,C,D,E,F 表示

注:例如,2SC1895 为 NPN 型高频三极管;2SB642 为 PNP 型低频三极管。2S 可省略如 D8201A 为改进型 NPN 型低频管。

附表8.2　美国半导体器件型号命名及含义

前　级	第一部分	第二部分	第三部分	第四部分
用符号表示用途	用数字表示 PN 结数目	美国电子工业协会（EIA）注册标志	美国电子工业协会(EIA)登记的顺序号	用字母表示元器件分挡
JAN 或 J:军用品 无符号：非军用品	1. 二极管 2. 三极管 3. 三个 PN 结器件 $n.n$ 个 PN 结器件	N：EIA 注册的不加热器件，即半导体器件	多位数字表示登记的顺序号	用字母 A,B,C,D,E,F 表示同一型号的不同分挡

注:例如,1N4001 表示非军用二极管;JAN2N2904 表示军用三极管。

附表8.3　国际电子联合会(欧洲各国)晶体管的型号命名及含义

第一部分	第二部分		第三部分	第四部分
用英文字母表示器件的材料	用英文字母表示器件的类型及主要特征		用数字或字母加数字表示登记号	用字母对同类器件分挡
A:锗材料 B:硅材料 C:砷化镓 D:锑化铟 R:复合材料	A:检波、开关、混频二极管 B:变容二极管 C:低频小功率晶体管 D:低频大功率晶体管 E:隧道管 F:高频小功率晶体管 G:复合器件及其他 H:磁敏二极管 K:开放磁路中的霍尔元件 L:高频大功率晶体管 M:封闭磁路中的霍尔元件	P:光敏器件 Q:发光元件 R:小功率可控硅 S:小功率开关管 T:大功率晶闸管 U:大功率开关管 X:倍增二极管 Y:整流二极管 Z:稳压二极管（齐纳二极管）	三位数字表示通用半导体器件（同一类型器件使用同一登记号） 一个字母加两位数字表示专用半导体器件（同一类型器件使用同一登记号）	A,B,C,D,E,F 表示同类器件按某一参数进行分挡的标志

注:例如,BU208A 为硅材料大功率开关管,其中 A 表示参数为 A 挡。

附表8.4　韩国晶体管的型号命名及含义

型号:用四位数字来表示	9011	9012	9013	9014	9015	9016	9017	9018
极　性	NPN	PNP	NPN	NPN	PNP	NPN	NPN	NPN

附表 9　国内集成电路的型号命名及含义

第 0 部分	第一部分		第二部分	第三部分	第四部分
国　标	电路的分类		系列代号	工作温度	封装形式
用 C 表示中国制造且符合国标	T:TTL 电路 H:HTL 电路 E:ECL 电路 C:CMOS 电路 M:存储器 F:线性放大器 W:稳压器 M:存储器 μ:微型机电路 B:非线性电路	J:接口电路 AD:A/D 转换器 DA:D/A 转换器 D:音响、电视电路 SC:通信专用电路 SS:敏感电路 SW:钟表电路 S:特殊电路	用数字表示器件的系列代号（与国际接轨）	C:0～70℃ G:−25～70℃ L:−25～85℃ E:−40～85℃ R:−55～85℃ M:−55～125℃	W:陶瓷扁平 B:塑料扁平 F:全密封扁平 H:玻璃扁平 D:多层陶瓷双列直插 J:玻璃双列直插 P:塑料双列直插 S:塑料单列直插 K:金属壳棱形 T:金属壳圆形 C:陶瓷芯片载体 E:塑料芯片载体 G:网络针栅阵列

注:例如,CT3020ED 为 TTL 肖特基双 4 输入与非门,工作温度−40～85℃,多层陶瓷双列直插封装。

附表 10　常见国外集成电路生产公司的产品前缀字母及意义

公司	集成电路产品前缀字母及意义
美国摩托罗拉公司	MC:已封装产品;MCC:未封装产品;FCCF:Flip-chip 线性电路;MCM ,MMS:存储器
美国国家半导体公司	LF:线性 FFT 电路;LH:线形混合电路;LM:线性单片电路;LP:低功耗电路;LX:传感器电路;CD:CMOS 电路;AM:模拟单片;DM:数字单片;AD:模拟对数字;DA:数字对模拟;NMC:MOS 存储器
美国无线电公司	CA:模拟电路;CD:数字电路;CDP:微处理机电路;LM:线性电路;PA 门阵
美国仙童公司	MA:线性电路;F:数字电路;SH:混合电路
美国因特锡尔	IM:数字和存储电路;ICM:数字电路;ICL:线性和混合电路
美国斯普拉格	UCN:CMOS 电路;UDN:显示电路;UGN:霍尔器件;ULN:线性电路
日本索尼公司	BX:混合电路;CXA(CX):双极性线性电路;CXB:双极性数字电路;CXD:MOS 电路;CXK:存储器电路;CXP:微处理器;CXL:CCD 信号处理
日本电气公司	μPA:复合元器件电路;μPB:双极性线性电路;μPC:线性电路;μPD:MOS 数字电路
日本东芝公司	TA:双极性线性电路;TC:CMOS 电路;TD:双极性数字电路;TL:MOS 线性电路;TM:MOS 数字电路
日本日立公司	HA:模拟电路;HD:数字电路;HM:RAM 电路;HN:ROM 电路
日本三洋公司	LA:双极性线性电路;LB:双极性数字电路;LC:CMOS 电路;LE:MNSMOS 电路;LM:PMOS,NMOS 电路;STK:厚膜电路;LD:薄膜电路
日本松下公司	AN:模拟电路;DN:数字电路;MN:MOS 电路

附表 11　国产部分电声器件的型号命名

第一部分:主称				第二部分: 类别		第三部分:特征						第四部分: 序号
Y	扬声器	YZ	声柱	C	电磁式	字母	特1	字母	特2	数字	含义	
C	传声器	HZ	号筒式组合扬声器	D	动圈(电动)式	H	号筒式	G	高频	Ⅰ	1级	
E	耳机	EC	耳机传声器组	A	带式	T	椭圆式	Z	中频	Ⅱ	2级	
O	送话器	YX	扬声系统	E	平膜音圈式	Q	球顶式	D	低频	Ⅲ	3级	
S	受话器	TF	复合扬声器	Y	压电式	J	接触式	L	立体声	0.25	0.25W	
N	送话器组	OS	送受话器组	R	电容(静电)式	I	气导式	K	抗噪声	0.4	0.4W	
H	两用换能器	TM	通信帽	Z	驻极体式	S	耳塞式	C	测试用	0.5	0.5W	数　字
				T	碳粒式	G	耳挂式	F	飞行用	1	1W	
				Q	气流式	Z	听诊式	T	坦克用	2	2W	
						D	头载式	J	舰艇用	3	3W	
						C	手持式	P	炮兵用	5	5W	
										10	10W	
										15	15W	
										20	20W	

注:第三部分数字表示瓦数和口径等,例如,YD10—12B 表示 10W 电动式扬声器;YD100—1 表示口径为 100mm 电动式扬声器;EDL—3 表示立体声动圈式耳机。

附表 12　国产部分继电器的型号命名

第一部分:主称		第二部分:类别				第三部分:特征		第四部分:序号
字母	含义	字母	含义	字母组合	含义	字母	含义	数字
		W	微功率电磁	AG	干式舌簧	X	小型	
		R	小功率电磁	AS	汞湿式舌簧	C	超小型	
		Z	中功率电磁	AT	铁簧	Y	微型	
		Q	大功率电磁	SJ	机械时间			
		C	电磁	SC	电磁时间			
		U	温度	SE	热时间			
J	继电器	P	高频电磁	SH	混合时间			
		G	固态	SZ	电子时间			
		E	电热	SG	固态时间			
		H	极化(磁保持)					
		S	时间					
		A	舌簧					
		M	脉冲					
		T	特种					

附表 13 常见二极管的主要参数

附表 13.1 1N 系列常用整流二极管的主要参数

型 号	反向工作峰值电压 U_{RM}/V	额定正向整流电流 I_F/A	正向不重复浪涌峰值电流 I_{FSM}/A	最大正向压降 U_{FM}/V	最大反向电流 $I_{RM}/\mu A$	工作频率 f/kHz	外形封装
1N4000	25						
1N4001	50						
1N4002	100						
1N4003	200						
1N4004	400	1	30	≤1	<5	3	DO－41
1N4005	600						
1N4006	800						
1N4007	1 000						
1N5100	50						
1N5101	100						
1N5102	200						
1N5103	300						
1N5104	400	1.5	75	≤1	<5	3	DO－15
1N5105	500						
1N5106	600						
1N5107	800						
1N5108	1 000						
1N5200	50						
1N5201	100						
1N5202	200						
1N5203	300						
1N5204	400	2	100	≤1	<10	3	
1N5205	500						
1N5206	600						
1N5207	800						
1N5208	1 000						
1N5400	50						
1N5401	100						
1N5402	200						
1N5403	300						
1N5404	400	3	150	≤0.8	<10	3	DO－27
1N5405	500						
1N5406	600						
1N5407	800						
1N5408	1 000						

附表 13.2　常用稳压二极管的参数

型　号	最大耗散功率/W	额定电压/V	最大工作电流/mA	可代换型号
1N708	0.25	5.6	40	BWA54,2CW28－5.6V
1N709	0.25	6.2	40	2CW55/B,BWA55/E
1N710	0.25	6.8	36	2CW55A,2CW105－6.8V
1N711	0.25	7.5	30	2CW56A,2CW28－7.5V,2CW106－7.5V
1N712	0.25	8.2	30	2CW57/B,2CW106－8.2V
1N713	0.25	9.1	27	2CW58A/B,2CW74
1N714	0.25	10	25	2CW18,2CW59/A/B
1N715	0.25	11	20	2CW76,2DW12F.BS31－12
1N716	0.25	12	20	2CW61/A,2CW77/A
1N717	0.25	13	18	2CW62/A,2DW12G
1N718	0.25	15	16	2CW112－15V,2CW78/A
1N719	0.25	16	15	2CW63/A/B,2DW12H
1N720	0.25	18	13	2CW20B,2CW64/B,2CW64－18
1N721	0.25	20	12	2CW65－20,2DW12I,BWA65
1N722	0.25	22	11	2CW20C,2DW12J
1N723	0.25	24	10	WCW116,2DW13A
1N724	0.25	27	9	2CW20D,2CW68,BWA68/D
1N725	0.4	30	13	2CW119－30V
1N726	0.4	33	12	2CW120－33V
1N727	0.4	36	11	2CW120－36V
1N728	0.4	39	10	2CW121－39V
1N748	0.5	3.8～4.0	125	HZ4B2
1N752	0.5	5.2～5.7	80	HZ6A
1N753	0.5	5.8～6.1	80	2CW132
1N754	0.5	6.3～6.8	70	H27A
1N755	0.5	7.1～7.3	65	HZ7.5EB
1N757	0.5	8.9～9.3	52	HZ9C
1N962	0.5	9.5～11	45	2CW137
1N963	0.5	11～11.5	40	2CW138,HZ12A－2
1N964	0.5	12～12.5	40	HZ12C－2,MA1130TA
1N969	0.5	21～22.5	20	RD245B

续 表

型　　号	最大耗散功率/W	额定电压/V	最大工作电流/mA	可代换型号
1N4240A	1	10	100	2CW108 - 10V,2CW109,2DW5
1N4724A	1	12	76	2DW6A,2CW110 - 12V
1N4728	1	3.3	270	2CW101 - 3V3
1N4729	1	3.6	252	2CW101 - 3V6
1N4729A	1	3.6	252	2CW101 - 3V6
1N4730A	1	3.9	234	2CW102 - 3V9
1N4731	1	4.3	217	2CW102 - 4V3
1N4731A	1	4.3	217	2CW102 - 4V3
1N4732/A	1	4.7	193	2CW102 - 4V7
1N4733/A	1	5.1	179	2CW103 - 5V1
1N4734/A	1	5.6	162	2CW103 - 5V6
1N4735/A	1	6.2	146	1W6V2,2CW104 - 6V2
1N4736/A	1	6.8	138	1W6V8,2CW104 - 6V8
1N4737/A	1	7.5	121	1W7V5,2CW105 - 7V5
1N4738/A	1	8.2	110	1W8V2,2CW106 - 8V2
1N4739/A	1	9.1	100	1W9V1,2CW107 - 9V1
1N4740/A	1	10	91	2CW286 - 10V,B563 - 10
1N4741/A	1	11	83	2CW109 - 11V,2DW6
1N4742/A	1	12	76	2CW110 - 12V,2DW6A
1N4743/A	1	13	69	2CW111 - 13V,2DW6B,BWC114D
1N4744/A	1	15	57	2CW112 - 15V,2DW6D
1N4745/A	1	16	51	2CW112 - 16V,2DW6E
1N4746/A	1	18	50	2CW113 - 18V,1W18V
1N4747/A	1	20	45	2CW114 - 20V,BWC115E
1N4748/A	1	22	41	2CW115 - 22V,1W22V
1N4749/A	1	24	38	2CW116 - 24V,1W24V
1N4750/A	1	27	34	2CW117 - 27V,1W27V
1N4751/A	1	30	30	2CW118 - 30V,1W30V,2DW19F
1N4752/A	1	33	27	2CW119 - 33V,1W33V
1N4753	0.5	36	13	2CW120 - 36V,1/2W36V
1N4754	0.5	39	12	2CW121 - 39V,1/2W39V
1N4755	0.5	43	12	2CW122 - 43V,1/2W43V
1N4756	0.5	47	10	2CW122 - 47V,1/2W47V
1N4757	0.5	51	9	2CW123 - 51V,1/2W51V
1N4758	0.5	56	8	2CW124 - 56V,1/2W56V
1N4759	0.5	62	8	2CW124 - 62V,1/2W62V
1N4760	0.5	68	7	2CW125 - 68V,1/2W68V
1N4761	0.5	75	6.7	2CW126 - 75V,1/2W75V
1N4762	0.5	82	6	2CW126 - 82V,1/2W82V

续　表

型　号	最大耗散功率/W	额定电压/V	最大工作电流/mA	可代换型号
1N4763	0.5	91	5.6	2CW127－91V,1/2W91V
1N4764	0.5	100	5	2CW128－100V,1/2W100V
1N5226/A	0.5	3.3	138	2CW51－3V3,2CW5226
1N5227/A/B	0.5	3.6	126	2CW51－3V6,2CW5227
1N5228/A/B	0.5	3.9	115	2CW52－3V9,2CW5228
1N5229/A/B	0.5	4.3	106	2CW52－4V3,2CW5229
1N5230/A/B	0.5	4.7	97	2CW53－4V7,2CW5230
1N5231/A/B	0.5	5.1	89	2CW53－5V1,2CW5231
1N5232/A/B	0.5	5.6	81	2CW103－5.6,2CW5232
1N5233/A/B	0.5	6	76	2CW104－6V,2CW5233
1N5234/A/B	0.5	6.2	73	2CW104－6.2V,2CW5234
1N5235/A/B	0.5	6.8	67	2CW105－6.8V,2CW52

附表 13.3　几种光敏二极管的参数

型　号	最高工作电压 U_{RM}/V	暗电流/μA	光电流/μA	光灵敏度 $\mu A/\mu W$	结电容/pF	响应时间/s
2CU1A	10					
2CU1B	20	$\leqslant 0.2$	$\geqslant 80$	$\geqslant 0.4$	$\leqslant 5.0$	$\leqslant 10^{-7}$
2CU1C	30					
2CU1D	40					
2CU2A	10					
2CU2B	20	$\leqslant 0.1$	$\geqslant 30$	$\geqslant 0.4$	$\leqslant 3.0$	$\leqslant 10^{-7}$
2CU2C	30					
2CU2D	40					
2CU5A	10					
2CU5B	30		$\geqslant 10$	$\geqslant 0.4$	$\leqslant 3.0$	$\leqslant 10^{-7}$
2CU5C	50					
2CU11A	30	$\leqslant 10^{-1}$				
2CU11B	50	$\leqslant 10^{-2}$	$\geqslant 10$	$\geqslant 0.5$	$\leqslant 0.7$	$\leqslant 10^{-9}$
2CU11C	80	$\leqslant 10^{-3}$				
2CU21A	30	$\leqslant 10^{-1}$				
2CU21B	50	$\leqslant 10^{-2}$	$\geqslant 20$	$\geqslant 0.5$	$\leqslant 1.2$	$\leqslant 10^{-9}$
2CU21C	80	$\leqslant 10^{-3}$				

附表 13.4　几种红外发光二极管的参数

型　号	正向工作电流 I_F/mA	峰值电流 I_{FP}/mA	反向击穿电压 V_R/V	正向压降 V_F/V	反向漏电流 I_R/mA	光功率 P_O/mW	峰值波长 λ_P/nm	最大功率 P_m/mW
TLN107	50	600	＞5	＜1.5	＜10	＞1.5	940	
TLN104	60	600	＞5	＜1.5	＜10	＞25	940	
HG310	50		＞5	＜1.5	＜50	1～2	940	＞5
HG450	200		＞5	＜1.8	＜100	5～20	930	360
HG520	3			＜2.0		100～550	930	6
BT401	40		＞5	＜1.3	＜100	1～2	940	100
SE303	100	1000	＞5	＜1.45		6.5	940	150
PH302			32		30		940	150

附表 13.5　几种数码管的参数

型　号	起辉电流/mA	亮度 cd/m²	正向电压/V	反向耐压/V	波长范围/Å	极限电流/mA	材料
5EF31A	≤1	≥1 500				15	
5EF31B	≤1	≥3 000	≤2	≥5	6 600～6 800	15	GaAsAl
5EF32A	≤1.5	≥1 500				30	
5EF32B	≤1.5	≥3 000				30	
测试条件		$I_F=1.5mA$	$I_F=10mA$	$I_R=50\mu A$	$I_F=10mA$	每段	

附表 14　常用中小功率三极管参数表

型　号	材料与极性	P_{cm}/W	I_{cm}/mA	V_{cbo}/V	f_t/MHz
3DG6C	SI－NPN	0.1	20	45	＞100
3DG7C	SI－NPN	0.5	100	＞60	＞100
3DG12C	SI－NPN	0.7	300	40	＞300
3DG111	SI－NPN	0.4	100	＞20	＞100
3DG112	SI－NPN	0.4	100	60	＞100
3DG130C	SI－NPN	0.8	300	60	150
3DG201C	SI－NPN	0.15	25	45	150
3DG201C	SI－NPN	0.15	25	45	150
C9011	SI－NPN	0.4	30	50	150
C9012	SI－PNP	0.625	－500	－40	
C9013	SI－NPN	0.625	500	40	
C9014	SI－NPN	0.45	100	50	150

续 表

型　号	材料与极性	P_{cm}/W	I_{cm}/mA	V_{cbo}/V	f_t/MHz
C9015	SI - PNP	0.45	−100	−50	100
C9016	SI - NPN	0.4	25	30	620
C9018	SI - NPN	0.4	50	30	1.1G
C8050	SI - NPN	1	1.5A	40	190
C8580	SI - PNP	1	−1.5A	−40	200
2N5551	SI - NPN	0.625	600	180	
2N5401	SI - PNP	0.625	−600	160	100
2N4124	SI - NPN	0.625	200	30	300

附表 15　国产晶闸管(可控硅)参数表

附表 15.1　参数符号说明

额定值	$I_{T(AV)}$	通态平均电流(晶闸管)	$I_{F(AV)}$	正向平均电流(整流管)
	$I_{T(RMS)}$	通态方均根电流(双向晶闸管)	V_{DRM}	断态重复峰值电压
	$I_{F(AV)}$	高频(20kHz)电流(高频晶闸管)	V_{RRM}	反向重复峰值电压
	di/dt	通态电流临界上升率	T_j	工作结温
特性值	V_{TM}	通态峰值电压	t_q	电路换向关断时间
	V_{FM}	正向峰值电压	t_{gt}	门极控制开通时间
	I_{DRM}	断态重复峰值电流	t_{rr}	反向恢复时间
	I_{RRM}	反向重复峰值电流	dv/dt	断态电压临界上升率
	I_{GT}	门极触发电流	$(dv/dt)/c$	换向电压临界上升率
	V_{GT}	门极触发电压		

附表 15.2　高频晶闸管参数

型　号	$\frac{I_{T(AV)}}{A}$	$\frac{V_{TM}}{V}$	$\frac{V_{DRM},V_{RRM}}{V}$	$\frac{I_{DRM},I_{RRM}}{mA}$	$\frac{I_{GT}}{mA}$	$\frac{V_{GT}}{V}$	$\frac{t_q}{\mu s}$	$\frac{t_{gt}}{\mu s}$	$\frac{di/dt}{A/\mu s}$	$\frac{dv/dt}{V/\mu s}$	外　形
KG30	30			≤ 10							M12
KG50	50			≤ 15	≤ 150		≤ 10	2.0			M12
KG100	100	≤ 3.2	≥ 500	≤ 20		≤ 3.0			≥ 200	>500	T 1 A 1
KG200	200			≤ 25							T 3 A 3
KG500	500		≥ 200	≤ 45			≤ 20	3.0			T 5 A 5
KG1000	1000			≤ 50							T 7

附表 15.3　快速晶闸管参数

型号	$I_{T(AV)}$ A	V_{TM} V	$V_{DRM},$ V_{RRM} V	$I_{DRM},$ I_{RRM} mA	I_{GT} mA	V_{gt} V	t_q μs	di/dt A/μs	dv/dt V/μs	外形
KK100	100	≤3.0	≥500	≤20	≤150	≤3.0	≤30	≥100	>500	M20
KK200	200			≤25						T2 A2
KK300	300			≤30						T3 A3
KK500	500			≤45			≤50			T4 A4
KK1000	1 000			≤80						T7 A6
KK1500	1 500	≤3.2		≤100	≤200			≥200		T8
KK2000	2 000			≤120			≤60			T9
KK3000	3 000			≤150						T9

附表 15.4　双向晶闸管参数

型号	$I_{T(AV)}$ A	V_{TM} V	V_{DRM} V	V_{RRM} V	$I_{DRM},$ I_{RRM} mA	I_{GT} mA	V_{gt} V	dv/dt V/μs	$(dv/dt)/c$ V/μs	外形
KS200	200	≤2.6	≥500		≤25	≤350	3.5	>100	>5	T 1 A 1
KS300	300				≤30					T 2 A 2
KS500	500				≤45					T 3 A 3
KS1000	1 000				≤60					T5

附表 15.5　普通晶闸管参数

型号	$I_{T(AV)}$ A	V_{TM} V	$V_{DRM},$ V_{RRM} V	$I_{DRM},$ I_{RRM} mA	I_{GT} mA	V_{gt} V	dv/dt V/μs	外形
KP100	100	≤2.6	≥500	≤20	≤200	≤3.0	>500	M20
KP200	200			≤25				T2 A2
KP300	300			≤30				T 3 A 3
KP500	500			≤45				T 4 A 4
KP1000	1 000			≤80				T 7 A 6
KP1500	1 500			≤100	≤300			T 8
KP2000	2 000			≤120				T 9
KP3000	3 000			≤150				T 10
KP4000	4 000			≤180				T10

附表 15.6　常见晶闸管参数

型号	$I_{T(AV)}$ A	V_{TM} V	V_{DRM} V	V_{RRM} V	I_{GT} mA	封装	型号	$I_{T(AV)}$ A	V_{TM} V	V_{DRM} V	V_{RRM} V	I_{GT} mA	封装
MCR100 – 6	0.8	1.7	400	400	5～200	TO – 92	2P6M	2	1.7	600	600	5～140	TO – 202
MCR100 – 8	0.8	1.7	600	600	5～200	TO – 92	C106D	4	1.7	400	400	5～200	TO – 126
BT169D – 400	0.8	1.7	400	400	5～200	TO – 92	BT131	1	1.7	600	600	1k～10k	TO – 92
BT151 – 500R	7.5	1.5	500	500	1k～15k	TO – 220	BT134	2	1.7	600	600	1k～10k	TO – 92
BT151 – 600R	8	1.5	600	600	1k～15k	TO – 220	BT136	4	1.7	600	600	1k～10k	TO – 92
MAC 97A6	1	1.5	400	400	1～10	TO – 92	BT137	8	1.5	600	600	1k～30k	TO – 220
MAC 97A8	1	1.5	600	600	1～10	TO – 92	BT138	12	1.5	600	600	1k～30k	TO – 220
2P4M	2	1.7	400	400	5～140	TO – 202							

附表 16　IRF 系列场效应管常用参数

用途:音频电路,开关电源电机控制,开关型控制器高能脉冲电路。

附表 16.1　N 沟道场效应管

型号	V_{DS}/V	I_D/mA	P_D/W	封装	型号	V_{DS}/V	I_D/mA	P_D/W	封装
IRF130	100	14	75	TO – 3	IRF510	100	5.6	43	TO – 220AB
IRF131	60	14	75	TO – 3	IRF511	80	5.6	43	TO – 220AB
IRF132	100	12	75	TO – 3	IRF512	100	4.9	43	TO – 220AB
IRF133	60	12	75	TO – 3	IRF513	80	4.9	43	TO – 220AB
IRF140	100	27	125	TO – 204AE	IRF520	100	9.2	60	TO – 220AB
IRF141	60	27	125	TO – 204AE	IRF521	80	9.2	60	TO – 220AB
IRF142	100	24	125	TO – 204AE	IRF522	100	8	60	TO – 220AB
IRF143	60	24	125	TO – 204AE	IRF523	80	8	60	TO – 220AB
IRF150	100	40	150	TO – 204AE	IRF530	100	14	79	TO – 220AB
IRF151	60	40	150	TO – 204AE	IRF531	80	14	79	TO – 220AB
IRF152	100	33	150	TO – 204AE	IRF532	100	12	79	TO – 220AB
IRF153	60	33	150	TO – 204AE	IRF533	80	12	79	TO – 220AB
IRF220	200	5.0	40	TO – 3	IRF540	100	28	150	TO – 220AB
IRF221	150	5.0	40	TO – 3	IRF541	80	28	150	TO – 220AB
IRF222	200	4.0	40	TO – 3	IRF542	100	25	150	TO – 220AB
IRF223	150	4.0	40	TO – 3	IRF543	80	25	150	TO – 220AB

续 表

型 号	V_{DS}/V	I_D/mA	P_D/W	封 装	型 号	V_{DS}/V	I_D/mA	P_D/W	封 装
IRF230	200	9.0	75	TO－3	IRF610	200	3.3	43	TO－220AB
IRF231	150	9.0	75	TO－3	IRF611	150	3.3	43	TO－220AB
IRF232	200	8.0	75	TO－3	IRF612	200	2.6	43	TO－220AB
IRF233	150	8.0	75	TO－3	IRF613	150	2.6	43	TO－220AB
IRF240	200	18	125	TO－204AE	IRF614	250	2.0	20	TO－220AB
IRF241	150	18	125	TO－204AE	IRF615	250	1.6	20	TO－220AB
IRF242	200	16	125	TO－204AE	IRF620	200	5	40	TO－220AB
IRF243	150	16	125	TO－204AE	IRF621	150	5	40	TO－220AB
IRF250	200	30	150	TO－204AE	IRF622	200	4	40	TO－220AB
IRF251	150	30	150	TO－204AE	IRF623	150	4	40	TO－220AB
IRF252	200	25	150	TO－204AE	IRF624	250	3.8	40	TO－220AB
IRF253	150	25	150	TO－204AE	IRF625	250	3.3	40	TO－220AB
IRF254	250	22	150	TO－204AE	IRF630	200	9	75	TO－220AB
IRF255	250	20	150	TO－204AE	IRF631	150	9	75	TO－220AB
IRF320	400	3.0	40	TO－3	IRF632	200	8	75	TO－220AB
IRF321	350	3.0	40	TO－3	IRF633	150	8	75	TO－220AB
IRF322	400	2.5	40	TO－3	IRF634	250	8.1	75	TO－220AB
IRF323	350	2.5	40	TO－3	IRF635	250	6.5	75	TO－220AB
IRF330	400	5.5	75	TO－3	IRF640	200	18	125	TO－220AB
IRF331	350	5.5	75	TO－3	IRF641	150	18	125	TO－220AB
IRF332	400	4.5	75	TO－3	IRF642	200	16	125	TO－220AB
IRF333	350	4.5	75	TO－3	IRF643	150	16	125	TO－220AB
IRF340	400	10	125	TO－3	IRF644	250	14	125	TO－220AB
IRF341	350	10	125	TO－3	IRF645	250	13	125	TO－220AB
IRF342	400	8.0	125	TO－3	IRF710	400	2.0	36	TO－220AB
IRF343	350	8.0	125	TO－3	IRF711	350	2.0	36	TO－220AB
IRF350	400	15	150	TO－3	IRF712	400	1.7	36	TO－220AB
IRF351	350	15	150	TO－3	IRF713	350	1.7	36	TO－220AB
IRF352	400	13	150	TO－3	IRF720	400	3.3	50	TO－220AB
IRF353	350	13	150	TO－3	IRF721	350	3.3	50	TO－220AB
IRF360	400	25	300	TO－204AE	IRF722	400	2.8	50	TO－220AB

续　表

型号	V_{DS}/V	I_D/mA	P_D/W	封装	型号	V_{DS}/V	I_D/mA	P_D/W	封装
IRF362	400	22	300	TO－204AE	IRF723	350	2.8	50	TO－220AB
IRF420	500	2.5	50	TO－3	IRF730	400	5.5	74	TO－220AB
IRF421	450	2.5	50	TO－3	IRF731	350	5.5	74	TO－220AB
IRF422	500	2.0	50	TO－3	IRF732	400	4.5	74	TO－220AB
IRF423	450	2.0	50	TO－3	IRF733	350	4.5	74	TO－220AB
IRF430	500	4.5	75	TO－3	IRF740	400	10	125	TO－220AB
IRF431	450	4.5	75	TO－3	IRF741	350	10	125	TO－220AB
IRF432	500	4.0	75	TO－3	IRF742	400	8.3	125	TO－220AB
IRF433	450	4.0	75	TO－3	IRF743	350	8.3	125	TO－220AB
IRF440	500	8.0	125	TO－3	IRF820	500	2.5	50	TO－220AB
IRF441	450	8.0	125	TO－3	IRF821	450	2.5	50	TO－220AB
IRF442	500	7.0	125	TO－3	IRF822	500	2.2	50	TO－220AB
IRF443	450	7.0	125	TO－3	IRF823	450	2.2	50	TO－220AB
IRF448	500	9.6	130	TO－204AA	IRF830	500	4.5	74	TO－220AB
IRF449	500	8.6	130	TO－204AA	IRF831	450	4.5	74	TO－220AB
IRF450	500	13	150	TO－3	IRF832	500	4.0	74	TO－220AB
IRF451	450	13	150	TO－3	IRF833	450	4.0	74	TO－220AB
IRF452	500	12	150	TO－3	IRF840	500	8.0	125	TO－220AB
IRF453	450	12	150	TO－3	IRF841	450	8.0	125	TO－220AB
IRF460	500	21	300	TO－204AE	IRF842	500	7.0	125	TO－220AB
IRF462	500	19	300	TO－204AE	IRF843	450	7.0	125	TO－220AB

附表 16.2　P 沟道场效应管

型号	V_{DS}/V	I_D/mA	P_D/W	封装	型号	V_{DS}/V	I_D/mA	P_D/W	封装
IRF9130	−100	−12	75	TO－3	IRF9531	−60	−12	75	TO－220AB
IRF9131	−60	−12	75	TO－3	IRF9532	−100	−10	75	TO－220AB
IRF9132	−100	−10	75	TO－3	IRF9533	−60	−10	75	TO－220AB
IRF9133	−60	−10	75	TO－3	IRF9540	−100	−19	125	TO－220AB
IRF9140	−100	−19	125	TO－3	IRF9541	−60	−19	125	TO－220AB
IRF9141	−60	−19	125	TO－3	IRF9542	−100	−15	125	TO－220AB
IRF9142	−100	−15	125	TO－3	IRF9543	−60	−15	125	TO－220AB
IRF9143	−60	−15	125	TO－3	IRF9610	−200	−1.75	20	TO－220AB
IRF9230	−200	−6.5	75	TO－3	IRF9611	−150	−1.75	20	TO－220AB
IRF9231	−150	−6.5	75	TO－3	IRF9612	−200	−1.5	20	TO－220AB

续 表

型号	V_{DS}/V	I_D/mA	P_D/W	封装	型号	V_{DS}/V	I_D/mA	P_D/W	封装
IRF9232	−200	−5.5	75	TO−3	IRF9613	−150	−1.5	20	TO−220AB
IRF9233	−150	−5.5	75	TO−3	IRF9620	−200	−3.5	40	TO−220AB
IRF9240	−200	−11	125	TO−3	IRF9621	−150	−3.5	40	TO−220AB
IRF9241	−150	−11	125	TO−3	IRF9622	−200	−3.0	40	TO−220AB
IRF9242	−200	−9.0	125	TO−3	IRF9623	−150	−3.0	40	TO−220AB
IRF9243	−150	−9.0	125	TO−3	IRF9630	−200	−6.5	75	TO−220AB
IRF9510	−100	−3.0	20	TO−220AB	IRF9631	−150	−6.5	75	TO−220AB
IRF9511	−60	−3.0	20	TO−220AB	IRF9632	−200	−5.5	75	TO−220AB
IRF9512	−100	−2.5	20	TO−220AB	IRF9633	−150	−5.5	75	TO−220AB
IRF9513	−60	−2.5	20	TO−220AB	IRF9634	−250	−3.4	33	TO−220AB
IRF9520	−100	−6.0	40	TO−220AB	IRF9640	−200	−11	125	TO−220AB
IRF9521	−60	−6.0	40	TO−220AB	IRF9641	−150	−11	125	TO−220AB
IRF9522	−100	−5.0	40	TO−220AB	IRF9642	−200	−9	125	TO−220AB
IRF9523	−60	−5.0	40	TO−220AB	IRF9643	−150	−9	125	TO−220AB
IRF9530	−100	−12	75	TO−220AB					

附表 17　电台广播频率表(省市级以上)

广播	电台	节目	频率	覆盖区域	功率
调频广播 (FM)	陕西人民广播电台	经济广播	89.6 MHz	全省	10kW
	陕西人民广播电台	交通广播	91.6 MHz	全省	10kW
	西安人民广播电台	音乐广播	93.1 MHz	关中	
	中央人民广播电台	音乐之声	95.5 MHz	西安	
	中央人民广播电台	中国之声	96.4 MHz	陕西	
	陕西人民广播电台	音乐广播	98.8 MHz	关中	10kW
	西安人民广播电台	戏曲广播	99.4 MHz	西安	500W
	陕西人民广播电台	戏曲广播	101.1 MHz		
	西安人民广播电台	都市广播	101.8 MHz	关中	10kW
	西安人民广播电台	新闻广播	102.1 MHz	西安	
	中央人民广播电台	经济之声	103.0 MHz	西安	
	陕西人民广播电台	交通旅游广播	104.3 MHz	关中	
	陕西人民广播电台	青春调频广播	105.5 MHz		
	陕西人民广播电台	资讯广播	106.1 MHz		
	陕西人民广播电台	新闻广播	106.6 MHz	全省	

续　表

广　播	电　台	节　目	频　率	覆盖区域	功　率
调幅广播 （AM） 或 中波广播 （MW）	中央人民广播电台	中国之声	540 kHz		50kW
	陕西人民广播电台	都市广播	603 kHz	关中	25kW
	陕西人民广播电台	新闻广播	693 kHz	全省及周边	300kW
	陕西人民广播电台	戏曲广播	747 kHz	关中	50kW
	西安人民广播电台	新闻广播	810 kHz	关中	50kW
	陕西人民广播电台	农村广播	900 kHz	关中	30kW
	陕西人民广播电台	交通广播	1 323 kHz	关中	10kW
	中央人民广播电台	中国之声	1 377,1 593 kHz		

参 考 文 献

［1］ 陈颖.电子材料与元器件.北京:电子工业出版社,2003.

［2］ 金鸿,陈森.印制电路技术.北京:化学工业出版社,2003.

［3］ 付家才.电子工程实践技术.北京:化学工业出版社,2003.

［4］ 王卫平.电子产品制造技术.北京:清华大学出版社,2005.

［5］ 萧淑霞.万用表使用技巧.北京:中国电力出版社,2004.

［6］ 马秀娟.工电电子实践教程.哈尔滨:哈尔滨工业大学出版社,2004.

［7］ 周海.初级电子制作精选.北京:人民邮电出版社,2004.

［8］ 胡斌.无线电识图与电路故障分析.北京:人民邮电出版社,2005.